主厨秘密课堂

主厨笔记
西餐专业教程

主　编　王　森　郭小粉

副主编　张婷婷　栾绮伟　王　子

参　编　于　爽　霍辉燕　李子文　徐海姝

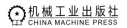

机械工业出版社
CHINA MACHINE PRESS

本书主要介绍了西餐烹饪基础及经典西餐菜品的做法，分门别类阐述了西餐基底汤与西餐汤、西餐酱汁制作等基础知识，并且有经典的基础底汤和常用酱汁的制作和调配方法，还有在此基础上衍生出的酱汁等；另外，有沙拉、主菜、主食等近70种经典的西餐食谱，每道菜均有详细的步骤图和装盘顺序。本书既是专业人士学习西餐制作技艺的帮手，也是初学者入门的实用宝典。

图书在版编目（CIP）数据

主厨笔记：西餐专业教程 / 王森，郭小粉主编.

北京 ： 机械工业出版社，2024.12. -- （主厨秘密课堂）. -- ISBN 978-7-111-76656-8

Ⅰ. TS972.118

中国国家版本馆CIP数据核字第2024BH8181号

机械工业出版社（北京市百万庄大街22号 邮政编码100037）
策划编辑：范琳娜 卢志林 责任编辑：范琳娜 卢志林
责任校对：宋 安 刘雅娜 责任印制：任维东
北京瑞禾彩色印刷有限公司印刷
2024年12月第1版第1次印刷
210mm×260mm·13.25印张·2插页·245千字
标准书号：ISBN 978-7-111-76656-8
定价：88.00元

电话服务 网络服务
客服电话：010-88361066 机 工 官 网：www.cmpbook.com
　　　　　010-88379833 机 工 官 博：weibo.com/cmp1952
　　　　　010-68326294 金 书 网：www.golden-book.com
封底无防伪标均为盗版 机工教育服务网：www.cmpedu.com

前　言

　　自上世纪起，西餐开始流行于国内的繁华都市中，西餐与我们的生活联系得越来越紧密。

　　西餐是我们对西方国家菜肴的一个统称和简称。西餐的制作不但讲究食物本身的风味，还注重香料的使用和盘饰点缀，同时也有相应的就餐礼仪，易营造出浪漫的就餐氛围。西餐菜品种类多样，本书结合常见的西餐菜品种类，整理出五大类西餐产品，包含西餐基底汤和西餐汤、西餐酱汁、沙拉、主菜与主食。

　　本书以此分为五大部分，主要涉及西餐中使用的传统汤底、酱汁的制作及相应的技术梳理、蔬菜及肉类等材料成熟技术的呈现与产品制作、比萨及意大利面等主食的制作及菜品延伸等。

　　每种食物都有自己的风味与质地特点，每个地区都有一套立足于本土的食品加工理念，西餐的领域庞大，其中的内容与含义非一本书能够概括。本书涵盖西餐制作的基础性与创新性知识，兼顾传统与现代，期待通过本书的介绍，能为大家了解西餐打开一扇窗。

编　者

目 录

第一章　西餐基底汤与西餐汤

第二章　西餐酱汁制作

第三章　沙拉

第四章　主菜

第五章　主食

第一章

西餐基底汤与西餐汤

一、西餐基底汤

汤的调味与调香

汤的口味万千，其中最基本的调味剂是芳香蔬菜和白芳香蔬菜，它们可以增加汤类的鲜味。

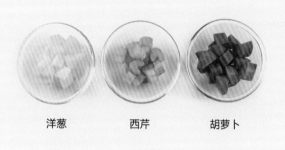

芳香蔬菜使用比例
洋葱：西芹：胡萝卜 = 2：1：1

洋葱　西芹　胡萝卜

注：洋葱的使用量是西芹、胡萝卜的总和。

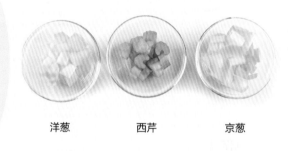

白芳香蔬菜（适用于白色类的基础汤）
使用比例
洋葱：西芹：京葱 = 2：1：1

洋葱　西芹　京葱

注：洋葱的使用量是西芹、京葱的总和。

使用时，将各类蔬菜切制成大小相同的块即可，蔬菜的切制尺寸根据汤类熬煮时间而定，若熬煮时间较长，可将其切成较大的块，若需蔬菜在短时间内释放香味，可将蔬菜切成较小的块。

除以上食材外，为了增加汤的浓郁程度，也可以加入其他香料，如欧芹茎、干月桂叶、百里香和黑胡椒碎等，有时也会加入韭葱和蒜。

香料

香料束的制作

1

准备好意大利芹（平叶欧芹）茎、干月桂叶、西芹、百里香、京葱（片状）和棉线。

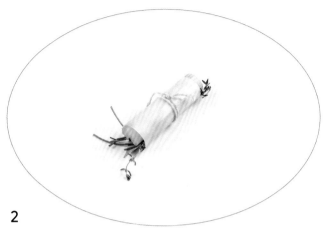

2

将前 4 种材料放入京葱里，用棉线绑紧即可。

香料包的制作

1

准备黑胡椒碎、意大利芹茎、蒜、干月桂叶、百里香、纱布和棉线。

2

将前 5 种材料放入纱布中，用棉线绑紧即可。

蔬菜基汤

材料

水	1 升
白萝卜块	80 克
蘑菇块	30 克
番茄块	50 克
西芹段	80 克
胡萝卜块	80 克
蒜瓣	30 克
香料包	1 个
白洋葱块	160 克
茴香头块	60 克
京葱段	30 克

1 将所有材料加入锅中，用中火煮沸，用勺子撇去表面浮沫，转小火煮约 40 分钟。

2 离火，将汤汁过滤入容器中。

鸡基汤

做 法

1a　1b

材料

鸡块	400 克
洋葱块	200 克
西芹段	100 克
胡萝卜块	100 克
盐	适量
水	1.5 升
黑胡椒粒	少许

1　在锅中倒入水，放入鸡块、洋葱块、西芹段、胡萝卜块熬煮约 1 小时，期间要撇去浮沫。

2a　2b　2c

2　加入少许盐调底味，放入黑胡椒粒，煮至鸡肉软烂，滤出汤汁即可。

Tips

1. 在煲汤、做烩饭时，可以用基底汤代替水，增加风味。
2. 鸡基汤只适用于鸡肉类菜肴制作。
3. 鸡基汤的熬制时间越久，汤越入味。

备注
可以加入香料包一起熬煮。

黄色牛基汤

1 将烤箱预热至 200℃，放入牛骨块，烘烤 40 分钟至焦黄色。

2 在热水中放入番茄块、西芹段、白洋葱块、胡萝卜块，加入烤好的牛骨块，煮约 1.5 小时至汤汁剩下一半。

3 用网筛过滤出牛基汤即可。

材料

牛骨块	800 克
番茄块	200 克
胡萝卜块	100 克
白洋葱块	200 克
西芹段	100 克
热水	2 升

Tips

1. 此材料中可添加适量的番茄膏，用以提色，将番茄膏与芳香蔬菜混合炒至上色，加入烘烤后的牛骨块、热水、香料包熬煮，形成棕色牛基汤，见 15 页。
2. 可以使用香料包。

棕色牛基汤

做 法

1 锅烧热，加入色拉油，放入胡萝卜块、白洋葱块、西芹段，炒至表面上色（也可烘烤上色）。

2 加入番茄膏，用中小火继续炒至锅内出现红油状物质。

3 将牛骨块放入烤盘中，入预热至190℃的烤箱中，烘烤至表面呈棕色，取出，倒出多余的油脂。

4 将烤好的牛骨块放入步骤2的食材中，再加入香料包和水。

5 用中火煮沸，再用勺子撇去表面的浮沫，最后用小火煮约4小时即可。

6 用勺子撇去表面的油脂，将汤汁过滤在容器中。

材料

牛骨块	1000 克
胡萝卜块	50 克
白洋葱块	100 克
西芹段	50 克
番茄膏	70 克
香料包	1 个
色拉油	15 毫升
水	2 升

无色小牛基汤

材料

小牛骨块	500 克
西芹段	50 克
白洋葱块	50 克
香料包	1 个
水	1.5 升

1 将白洋葱块、西芹段、小牛骨块、香料包一起放入锅中。

2 倒入水。

3 用大火煮沸，再用勺子撇去表面浮沫，用小火煮约4小时。

4 将汤汁过滤至容器内。

鱼基汤

1 将洋葱块、西芹段、京葱段放入锅中，加入海鲈鱼鱼骨段、香料束，倒入白葡萄酒和水。

2 用中火煮沸，期间用勺子撇去表面浮沫，用小火煮约 45 分钟，关火。

3 将汤汁过滤入容器内。

注：制作好的鱼汤用保鲜膜覆盖，放入冰箱密封冷冻保存，可长时间使用。

材料

海鲈鱼鱼骨段	200 克
洋葱块	50 克
西芹段	25 克
京葱段	25 克
白葡萄酒	50 毫升
香料束	1 个
水	1 升

准备

海鲈鱼取骨：将鲈鱼去内脏，去头，一分为二，平刀取鱼肉，将鱼骨和鱼肉分离。

虾基汤

材料

虾壳和龙虾壳	300 克
蒜	3 瓣
胡萝卜块	100 克
白洋葱块	200 克
西芹段	100 克
番茄块	100 克
橄榄油	20 克
黑胡椒粒	2 克
盐	2 克
白葡萄酒	10 克
热水	800 毫升

1 锅预热，加入橄榄油、蒜、白洋葱块、西芹段、胡萝卜块、番茄块、盐和黑胡椒粒翻拌均匀，加入白葡萄酒翻炒约 2 分钟。

2 加入虾壳、龙虾壳和 1/3 的热水，煮至汤汁剩下 1/3，再加入热水，重复 3 次。

3 取出龙虾壳、虾壳，将剩余的汤用均质机搅拌成浓汤，用网筛过滤出虾基汤即可。

Tips

1. 如需获取更为浓郁的番茄风味，可以用番茄膏替换番茄。番茄膏是将成熟的番茄去皮打浆，经浓缩杀菌而成，口味酸甜适中，常用于西餐的制作。
2. 盛放汤汁的器具表面盖一层保鲜膜，放入冰箱密封冷冻保存，可长时间使用。

蔬菜浓汤

做 法

1 将黄油放入锅中，加热至熔化，加入洋葱片和京葱片，炒软。加入胡萝卜片、西芹片和土豆片，稍微炒制，再加入圆白菜片，将食材炒软，加入蔬菜基汤中火煮沸，再小火煮约10分钟。

2 加入牛奶，小火煮至微沸，加入盐和胡椒粉调味，倒入容器中即成蔬菜浓汤，表面放上脆面包丁，最后撒上意大利芹碎即可上桌。

材料	
蔬菜基汤	1600 毫升
土豆片	100 克
京葱片	100 克
洋葱片	200 克
胡萝卜片	100 克
西芹片	100 克
圆白菜片	50 克
牛奶	10 毫升
黄油	20 克
盐	适量
胡椒粉	适量
脆面包丁	适量
意大利芹碎	适量

奶油浓汤

材料

鸡基汤	200 毫升
淡奶油	200 毫升
高筋面粉	80 克
黄油	60 克
盐	适量
黑胡椒碎	适量

1 将黄油放入锅中，加热至熔化，再加入高筋面粉，开小火，用打蛋器将其搅拌至浓稠状，注意不要烧焦变色。边搅拌边加淡奶油，混合均匀。

2 边搅拌边加入鸡基汤，小火将其收稠。

3 离火，将汤汁过滤入容器中，再加入盐和黑胡椒碎调味。

匈牙利牛肉汤

1 将黄油加入锅中，加热至熔化，再加入白洋葱丝和牛肉丁炒香，加入盐、胡椒粉和红椒粉调味。

2 加入棕色牛基汤，将牛肉煮软。

3 加入土豆丁与番茄丁煮熟，再加入盐和胡椒粉调味，最后将其倒入容器中，表面放上意大利面疙瘩和意大利芹碎。

材料

棕色牛基汤	500 毫升
牛肉丁	100 克
土豆丁	100 克
番茄丁	35 克
白洋葱丝	35 克
意大利面疙瘩	20 克
黄油	10 克
红椒粉	1 克
盐	适量
胡椒粉	适量
意大利芹碎	少许

马里奥风味蔬菜汤配香蒜酱料

材料

西芹	30 克
胡萝卜	30 克
洋葱	60 克
土豆	100 克
四季豆	30 克
西葫芦	30 克
芦笋	50 克
京葱	30 克
圆白菜	30 克
蒜	10 克
煮熟白扁豆	15 克
菠菜段	20 克
鸡胸肉	50 克
橄榄油	30 克
自制番茄酱	80 克
蔬菜基汤	500 克
盐	2 克
黑胡椒碎	2 克
帕玛森芝士碎	20 克
香蒜酱	适量

做 法

1 将西芹、胡萝卜、洋葱、土豆、四季豆、西葫芦（去瓤）、芦笋、京葱切粒。圆白菜切片，蒜切末。

2 锅烧热，倒入橄榄油，加入蒜末小火炒香，加入切好的蔬菜，小火翻炒至蔬菜变软、出汁。

3 加入自制番茄酱、蔬菜基汤小火煮 1 小时。

4 煮至半小时后加入煮熟白扁豆。

5 加入盐、黑胡椒碎调味。快出锅时加入菠菜段。

6 将鸡胸肉表面撒上盐和黑胡椒碎腌制，用橄榄油煎熟并切成粒。

7 将鸡胸肉放在盘内，浇上蔬菜汤，再淋上香蒜酱，撒上帕玛森芝士碎。

菠菜汤

材料

洋葱	40 克
菠菜	150 克
牛奶	200 克
手指胡萝卜（紫色、黄色）	2 个
山羊芝士	适量
南瓜	适量
蔬菜基汤	适量
黄油	适量
盐	适量
黑胡椒碎	适量
可食用花	适量
橄榄油	适量

做 法

1 在锅中放入黄油，加入洋葱丝煎至变软，加入菠菜叶，再加入盐、黑胡椒碎调味，加入蔬菜基汤、牛奶，煮至汤汁浓稠。

2 倒入均质机中充分搅拌，打至汤汁质地丝滑，用小火再次收稠，加入盐、黑胡椒碎调味。

准备

1 将菠菜去根取叶。将洋葱切丝。手指胡萝卜煮熟。

2 将南瓜切粒，放入沸水中煮约 2 分钟。

3 倒入盘中，摆放手指胡萝卜、山羊芝士、南瓜粒、可食用花，在表面淋适量橄榄油。

菜花和鹰嘴豆汤

做　法

材料

菜花（切小朵）	200 克
姜	20 克
椰浆	200 克
姜黄粉	3 克
鹰嘴豆	100 克
蔬菜基汤	适量
黄油	适量
盐	适量
黑胡椒碎	适量
淡奶油	适量
红脉酸模叶	适量
牛至草叶	适量
宝塔菜	适量

1 锅中放入黄油，加入姜、菜花，加入盐、黑胡椒碎调味，加入蔬菜基汤，盖上锅盖，焖煮至菜花变软，取出姜。

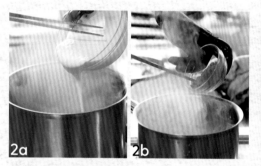

2 加入椰浆，盖上锅盖煮约 10 分钟，加入姜黄粉搅拌均匀。

3 倒入料理机中，充分搅打，打完过筛，成为质地顺滑的汤汁。

4 汤汁倒入锅中，加入鹰嘴豆，煮约 10 分钟，呈浓稠状。

5 倒入盘中，点入适量淡奶油，摆放红脉酸模叶、牛至草叶、宝塔菜装饰即可。

煎布丁鹅肝配法式清汤

材料

鹅肝	120克
鸡基汤	210毫升
淡奶油	90毫升
蛋黄	1个
全蛋	1个
盐	适量
小麦粉	少许
松露	1个
小葱	1根
黑胡椒碎	适量

Tips

松露可先烤制
后再装饰，也
可不烤制。

做 法

1 将100克鹅肝切块备用。

2 将180毫升鸡基汤倒入锅中煮沸，放盐和黑胡椒碎调味。再分次加入到100克鹅肝块中，用打蛋器搅拌均匀。

3 在淡奶油中放入蛋黄和全蛋。

4 将步骤3的食材加入到步骤2的食材中，用手持打蛋器搅拌均匀。

5 过筛，倒入汤碗中，表面裹一层保鲜膜，入烤箱以100℃烤15分钟（也可用蒸锅蒸）。

6 在20克鹅肝表面撒少许盐、黑胡椒碎调味，裹上小麦粉放入不粘锅中，大火煎熟后用厨房纸巾吸油。

7 将步骤5的汤取出，倒入30毫升鸡基汤，摆放鹅肝、松露、小葱装饰即可。

奶油菌菇汤

材料

菌菇（5种）	200克
黄油	少许
白洋葱	1头
蒜	1瓣
鸡基汤	没过食材的量
盐	少许
淡奶油	适量
香葱末	适量
松露	适量
黑胡椒碎	适量
法棍	适量

做　法

1 将白洋葱、蒜切末。在锅中放入黄油，加入蒜末、白洋葱末炒香。

2 将菌菇清洗、切碎，放入锅中，用中火炒至菌菇水分挥发，加入鸡基汤小火煮至沸腾。

3 菌菇汤用料理机打碎，加入盐、黑胡椒碎调味，加入淡奶油搅拌均匀，小火保温。

4 将菌菇汤装盘，表面摆放松露和少量香葱末，搭配法棍即可。

Tips

1. 炒洋葱、蒜时尽量使用冷油或冷黄油，避免上色变焦。
2. 炒菌菇时不太容易变焦，故用中火炒制。
3. 按照个人喜好可最后再加入一些黄油。
4. 奶油蘑菇汤也可以搭配意大利面等。

青豆虾仁汤

材料

黄油	50 克
洋葱	60 克
青豆	300 克
牛奶	250~300 克
大明虾	3 只
盐	适量
黑胡椒碎	适量
蔬菜基汤	适量
三色堇	适量
可食用花	适量

准备

1 洋葱切碎。

2 大明虾去壳，留头部、尾部的壳，
  用刀沿虾背划开，去除虾线。

做 法

1 锅烧热，加入黄油，待黄油熔化后，加入洋葱碎
炒至金黄色，加入青豆，炒 3~5 分钟，使青
豆充分吸收黄油和洋葱的香味。

2 分次加入蔬菜基汤，煮至青豆外皮可轻松剥离
的状态。加入盐、黑胡椒碎调味，加入牛奶煮
至沸腾。

3 倒入均质机中充分搅拌，至青豆完全打碎，过
滤，此时汤汁质地顺滑无杂质，保持温热状态
备用。

4 将平底锅烧热，放入黄油，待黄油熔化后放入
大明虾，用夹子将大明虾固定，呈弯曲状，加
入黑胡椒碎、盐调味，再加入少许蔬菜基汤，
煎至上色。

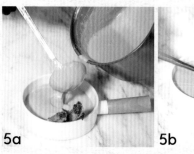 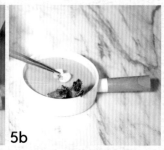

5 在盘中放入大明虾、青豆汤，摆放三色堇、可食用花装饰。

Tips

加入的蔬菜基汤温度要保持在 80℃，
如果温度偏低，会影响整体口感。

延伸法式汤——洋葱汤

做法

材料

白洋葱碎	250克
鸡基汤	没过食材的量
法式清汤	没过食材的量
黄油	少许
芝士碎	适量
法棍片	2片
盐	少许
黑胡椒碎	少许
欧芹碎	适量

1 锅中放入黄油，加入白洋葱碎小火慢炒，加入盐、黑胡椒碎调味，炒至上色、水分挥发。

2 加入鸡基汤和法式清汤熬煮，至白洋葱碎变软。

3 将洋葱汤装盘，表面摆放法棍片和芝士碎进行烘烤，至法棍表面变金黄色，取出在表面撒少量欧芹碎即可。

RECIPE FOR SUCCESS

MOMO'S

意式蔬菜汤

原料

鸡基汤	1000 克
西芹	30 克
胡萝卜	30 克
番茄	100 克
土豆	30 克
圆白菜	30 克
苹果	30 克
盐	适量
橄榄油	20 克
百里香末	1 克
洋葱	20 克

1
圆白菜、西芹、胡萝卜、洋葱、土豆、苹果切指甲片，番茄切丁。

2
锅加橄榄油烧热，炒香洋葱片。

3
加入西芹片、胡萝卜片、苹果片、圆白菜片、土豆片炒香。

4
加入番茄丁，倒入鸡基汤熬煮 30 分钟，撒百里香末，加盐调味即可。

第二章

西餐酱汁制作

西餐中的酱汁是一种具有一定稠度、经过特殊调味、风味浓郁的混合物，可以增添菜品风味，同时也可以装饰菜品。

一、西餐酱汁的组成结构

优质的酱汁和西餐基底汤一样，在西餐中占据重要的地位。一般酱汁在制作时，主要由液体物质、增稠物质和额外调味物质组成。

1. 液体物质

在酱汁的制作中，液体物质是酱汁的基础。最常用的液体物质有各种基汤、牛奶、澄清黄油和番茄（熬煮）等。

其中基汤应用的范围较广。同样的酱汁，用基汤制作和用水制作，口味有很大的不同。好的基汤可以使酱汁口感更加丰富、浓郁。

西餐中的基汤，也叫高汤，由于制作时的材料和烹饪方式的不同，最终会得到不同的颜色，一般可以分为白色基汤和上色基汤。

（1）白色基汤

该种基汤的颜色较浅，如鸡基汤、鱼基汤和无色小牛基汤。做法是：直接将所需材料放入锅中，加水煮，最后过滤出汤汁（参考西餐基底汤制作）。

鱼基汤

（2）上色基汤

该种基汤的颜色较深，如棕色牛基汤。做法是：将所用材料处理上色，再混合在一起，加水煮，最后过滤出汤汁。棕色牛基汤里的牛骨需烘烤上色，剩余材料（如芳香蔬菜）可以炒制上色，也可以进行烘烤上色处理（参考西餐基底汤制作）。

棕色牛基汤

2. 增稠物质

一般酱汁都有一定的浓稠度，这就需要增稠物质来实现，这样酱汁才可以依附在食材表面或在背景中做出特定的图画样式。

酱汁的浓稠度与酱汁中的增稠物质有直接关系。不同的增稠物质需要使用不同的方式才能发挥其重要作用。常用的增稠物质分为一般增稠物质和特殊增稠物质。

（1）一般增稠物质

最常用的是含有淀粉的食材、蛋黄等。

1）面粉。面粉是西餐中常用的增稠材料，将其加入酱汁中，可以起到增稠、增香和增色的作用。常用的处理方式是将面粉和油脂混合使用，制成油面酱。

面粉和油脂混合时，有两种处理方法：一种是加热混合；一种是非加热混合。可用的油脂品种较多，动物油脂、植物性油脂均可，其中黄油使用得较多。下面以黄油为例，介绍油面酱的制作方法。

油脂　　　　面粉

方法一：加热混合（图示为两种状态的黄油面酱）

采用该种方法时，一般将等量的面粉和油脂（澄清黄油）混合加热，直至无干粉状，并且加热到所需状态（若是需要加热上色，则延长加热时间即可），制成黄油面酱。其在酱汁制作中运用较多。

棕色黄油面酱　　白色黄油面酱

方法二：非加热混合

将等量的软化黄油和面粉混合拌匀即成，不需要加热。一般在酱汁制作结束前加入，使酱汁快速变稠、提亮。

示例

棕色黄油面酱

材料

黄油	30克
面粉	30克

做法

先将面粉倒入锅中，将其炒至棕色，再加入黄油，开小火，将二者搅拌均匀。

白色黄油面酱

材料

黄油	30克
面粉	30克

做法

将黄油加入锅中加热至完全熔化，加入面粉，将二者搅拌均匀。

> **Tips**
>
> 制作油面酱时，面粉和黄油的比例为 1：1。

2）玉米淀粉。在使用玉米淀粉时，需要将其和冷水（或冷汤汁）混合成糊状，再添加到酱汁中。

玉米淀粉

3）蛋黄。蛋黄中含有 17.5% 左右蛋白质，蛋白质达到一定温度时，会发生热变性现象。在这个过程中，蛋黄液体会慢慢变稠，直至完全凝固。

蛋黄中的蛋白质在 70℃ 以上会渐渐发生变化，如果还有其他混合物，如牛奶、水等材料，凝固温度会进一步延长，如在制作蛋奶糊时，牛奶与蛋黄混合，可以持续加热至 80~100℃。足量的水分可以阻碍、延长蛋白质之间链接。所以，将牛奶等热的液体冲入蛋黄液中时，要边搅拌边冲，防止蛋黄受热过于集中，导致热变性，变成块状。

蛋黄

在酱汁制作中，蛋黄常和液体物质一起使用，如牛奶、澄清黄油、基汤等。蛋黄在增稠过程中，蛋黄中卵磷脂也起作用，它是一种天然乳化剂，可以帮助油水成分达到更均匀和稳定的状态。

代表酱汁有荷兰酱汁（Hollandaise Sauce）等。

示例

蛋黄酱

材料

色拉油	300~400 克
全蛋	3 个
柠檬汁	20~30 克
白酒醋	适量
盐	适量

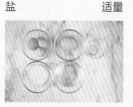

做 法

1a **1b**

1 全蛋取蛋黄，加入少许柠檬汁搅拌至融合均匀。

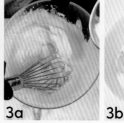

2

2 边加入色拉油，边持续搅打至浓稠状。

3a **3b**

3 加入适量白酒醋、盐调味，并搅拌均匀。

（2）特殊增稠物质

1）蔬菜泥或果泥。带有蔬菜泥或果泥的酱汁一般不需要添加额外的增稠剂。食材经过加工烹饪后，将其搅拌成泥状，即可使酱汁变得浓稠，如青酱。

示例

青酱

材料

帕玛森芝士	35 克
罗勒叶	22 克
松子	15 克
蒜（切末）	1 头
盐	2 克
黑胡椒碎	1 克
冰块	3 块
橄榄油	40 克

—— 做 法 ——

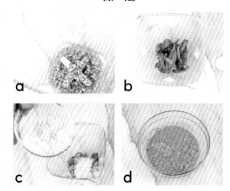

在料理机中加入橄榄油、蒜末、松子、罗勒叶、帕玛森芝士、冰块和盐搅打均匀，加入少许黑胡椒碎拌匀即可。

2）面包糠。在制作酱汁时，加入面包糠，酱汁的汁水会迅速被面包糠吸收，从而变得浓稠。

使用面包糠增稠的酱汁质地不是很顺滑，不适合对酱汁质地要求高的菜肴。

除了使用增稠物质使酱汁达到所需浓稠的状态，还可以通过一定的烹饪技巧来增稠，如浓缩，也可以称之为收稠或收汁。其是通过小火慢煮的方式，蒸发酱汁部分水分，达到浓稠的目的。

若是酱汁质地过稠，可以加入液体物质调节，继续小火慢煮，浓缩至合适的稠度；若是过稀，只需小火慢煮，浓缩到合适的稠度即可。

> Tips
>
> 1. 面包糠是由面粉及其他食材混合后，经过发酵、烘焙、粉碎和烘干制成，呈细碎状，有渣感，常用于油炸食品的裹皮。
> 2. 面包糠也可以自制，先将吐司面包去除表皮，切成片，放入烤箱中恒温干燥，再经过粉碎即可。

3. 增味物质

为了丰富酱汁的味道层次，西餐酱汁会添加除基本风味外的有其他特殊味道的调味料、酒和香料等，用以给酱汁增加基础底味。

增味物质的添加量和顺序也很有讲究，主要从调味物质的特性和烹饪方式等多方面考量。

（1）用量

添加的量要适中，不可过多或过少。若是过多，增味物质会掩盖酱汁原本的味道；若是过少，酱汁味道淡，达不到给菜品增加风味的作用。

（2）顺序

增味物质添加方式一般有两种，即加热初期添加和加热后期添加。

1）加热初期添加。在加热初期进行调味的，需要符合两个条件：一是该种酱汁制作时，加热的时间较长；二是添加的调味物质需要经过长时间煮，或达到一定的热量，才能完全释放出特有的香味，如月桂叶、整颗黑胡椒、丁香等香料或酒类。

一般这种调味方式，是在加热初期就将调味物质和其他材料一起煮。

2）加热后期添加。在加热后期添加的调味物质一般释放味道速度较快，如盐、现磨调味料等，选择在后期加入有两个原因：一是该种物质释放味道的速度快，过早放入会挥发掉特有的香味；二是多数酱汁在制作时会有一个浓缩（收稠）的过程，若是过早加入调味料，口味的把控不易掌握，酱汁浓缩后可能会出现口味过重的现象，食用体验不佳。大部分酱汁在制作过程中，厨师会在烹调完毕之后品尝味道，再根据所需进行调味料的添加。

> **Tips**
> 这两种添加顺序可以根据酱汁制作所需单独使用，也可组合使用。

二、西餐传统酱汁的分类

在传统酱汁制作中，西餐酱汁按照主要原材料一般可以分为棕色酱汁类、白色酱汁类、番茄酱汁类、黄油基底酱汁类和特殊酱汁类。

除特殊酱汁外，剩余4类酱汁中包含5大主酱汁（白色酱汁类含有两种主酱汁），在这5种主酱汁的基础上，可以延伸出各类二代酱汁和小酱汁，这也是西餐酱汁数量繁多的重要原因。

类别	主酱汁组成	主酱汁名称	二代酱汁组成	二代酱汁名称	小酱汁组成	小酱汁示例
棕色酱汁类	上色基汤（牛基汤）+黄油面酱（棕色）	棕色牛酱汁（Brown Sauce）	主酱汁+上色基汤+增味物质	浓缩牛酱汁（Demi Glace）	二代酱汁+增味物质	马德拉酱汁 / 罗伯特酱汁
白色酱汁类	白色基汤（鸡基汤、小牛基汤和鱼基汤）+黄油面酱（白色）	天鹅绒酱汁（Velouté）	主酱汁+增味物质	① 鸡汁酱汁（Supreme Sauce）② 德式酱汁（Allemande Sauce）③ 白葡萄酒酱汁（White Wine Sauce）	二代酱汁+增味物质	① 龙蒿酱汁 ② 咖喱酱汁 ③ 贝西酱汁
	牛奶+黄油面酱（白色）+增味物质	贝夏美白酱汁（Bechamel Sauce）	主酱汁+增味物质			奶油酱汁 / 芝士酱汁
番茄酱汁类	番茄+基汤+黄油面酱+增味物质	番茄酱汁（Tomato Sauce）	主酱汁+增味物质			葡萄牙酱汁 / 普罗旺斯酱汁
黄油基底酱汁类	澄清黄油+蛋黄+增味物质	荷兰酱汁（Hollandaise Sauce）	主酱汁+增味物质			橙味酱汁

1. 主酱汁

主酱汁 = 液体物质 + 增稠物质

主酱汁　　　　　　　　　液体物质　　　　　　　　增稠物质

在传统的酱汁制作中，用来制作酱汁的液体物质大致有基汤（含上色基汤和白色基汤）、牛奶、澄清黄油、番茄等，在这 5 种液体物质基础上制作的 5 种酱汁是主酱汁，也称为母酱汁。

这 5 种主酱汁分别是棕色酱汁类中的棕色牛酱汁（Brown Sauce）、白色酱汁类中的贝夏美白酱汁（Bechamel Sauce）和天鹅绒酱汁（Velouté）、番茄酱汁类中的番茄酱汁（Tomato Sauce）和黄油基底酱汁类中的荷兰酱汁（Hollandaise Sauce）。

2. 二代酱汁

主酱汁 + 增味物质 = 二代酱汁

| 主酱汁 | 增味物质 | 二代酱汁 |

二代酱汁也可以称为第二主酱汁，是主酱汁的下一级延伸酱汁。

在5种主酱汁中，只有两种主酱汁——天鹅绒酱汁（Velouté）和棕色牛酱汁（Brown Sauce）有二代酱汁，这两种主酱汁很少单独使用在菜品中。

常见的种类如下。

棕色酱汁类二代酱汁：浓缩牛酱汁（Demi Glace）。

白色酱汁类二代酱汁：鸡汁酱汁（Supreme Sauce）、德式酱汁（Allemande Sauce）、白葡萄酒酱汁（White Wine Sauce）。

其他3种主酱汁没有二代酱汁，使用时可加食材直接衍生出小酱汁。

3. 小酱汁

小酱汁的制作方式有两种。

（1）在主酱汁基础上制作：主酱汁 + 增味物质 = 二代酱汁

二代酱汁 + 增味物质 = 小酱汁

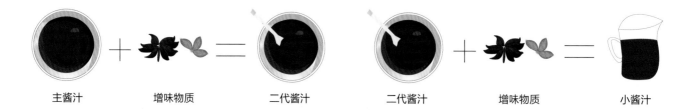

| 主酱汁 | 增味物质 | 二代酱汁 | 二代酱汁 | 增味物质 | 小酱汁 |

（2）直接在二代酱汁基础上制作：二代酱汁 + 增味物质 = 小酱汁

| 二代酱汁 | 增味物质 | 小酱汁 |

三、西餐传统酱汁的制作

1. 棕色酱汁类

棕色酱汁类是以上色基汤为液体物质制作而成的一大类酱汁。

（1）主酱汁——棕色牛酱汁（Brown Sauce）

组成： 上色基汤（牛基汤）+黄油面酱（棕色）。

增稠材料： 黄油面酱。

做法： 将上色基汤（牛基汤）和黄油面酱混合加热，收稠即可，可根据所需进行过筛。

棕色牛酱汁

（2）二代酱汁——浓缩牛酱汁（Demi Glace）

组成： 主酱汁（棕色牛酱汁）+等量上色基汤+增味物质。

做法： 将等量的上色基汤和主酱汁（棕色牛酱汁）混合加热，浓缩到原来一半的量，最后调味即可。

浓缩牛酱汁

> **Tips**
>
> 该酱汁和主酱汁相比，风味更为醇厚，香味更加浓郁，常常以其为基础制作延伸的小酱汁。

（3）小酱汁

组成： 二代酱汁+增味物质。

做法： 将调味物质放入锅中烹饪至所需状态时，加入二代酱汁，混合收稠，最后调味。可根据所需进行过筛。

常见小酱汁： 马德拉酱汁、罗伯特酱汁。

罗伯特酱汁

做法

用黄油将干葱碎炒香，先加入红酒醋，加热浓缩，再加入浓缩牛酱汁（二代酱汁），小火收稠，最后加入芥末，混合均匀。用盐和黑胡椒碎调味即可。

马德拉酱汁

做法

将马德拉酒放入锅中，加热至酒精挥发，再加入浓缩牛酱汁（二代酱汁），混合均匀，用盐和黑胡椒碎调味即可。

（4）常用搭配

常和牛肉、鸭肉和羊肉等搭配。

2. 白色酱汁类（白色基汤）

白色酱汁是以牛奶或白色基汤为液体物质制作的一大类酱汁。

根据液体物质的不同，白色酱汁类有两个主酱汁，分别是天鹅绒酱汁（Velouté）和贝夏美白酱汁（Bechamel Sauce）。前者以白色基汤为液体物质，后者以牛奶为液体物质。

本节介绍以白色基汤制作的主酱汁及其支系。

（1）主酱汁——天鹅绒酱汁（Velouté）

组成：白色基汤（鸡基汤、小牛基汤和鱼基汤）+ 黄油面酱（白色）。

增稠材料：黄油面酱。

做法：将黄油面酱倒入锅中加热，边搅拌边加入白色基汤，混合拌匀，收稠即可，最后过筛。

以不同的白色基汤做出的主酱汁是不同的，以鸡基汤制作的为浓稠鸡酱汁（Chicken Velouté），以小牛基汤制作的为浓稠牛酱汁（Veal Velouté），以鱼基汤制作的为浓稠鱼酱汁（Fish Velouté），这 3 种酱汁统称为天鹅绒酱汁。

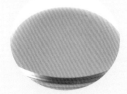

天鹅绒酱汁

（2）二代酱汁

组成：各自的主酱汁 + 增味物质。

做法：将组成部分的材料放入锅中，混合收稠，最后调味即可，可根据所需进行过筛。

以浓稠鸡酱汁、浓稠牛酱汁、浓稠鱼酱汁为基础制作的二代酱汁依次对应的是鸡汁酱汁（Supreme Sauce）、德式酱汁（Allemande Sauce）、白葡萄酒酱汁（White Wine Sauce）。

二代酱汁

（3）小酱汁

组成：二代酱汁＋增味物质。

做法：将组成的材料部分混合加热，收稠即可。

常见小酱汁：鸡汁酱汁（Supreme Sauce）延伸出的龙蒿酱汁；德式酱汁（Allemande Sauce）延伸出的咖喱酱汁；白葡萄酒酱汁（White Wine Sauce）延伸出的贝西酱汁。

龙蒿酱汁

做法

将鸡汁酱汁（二代酱汁）放入锅中加热，加入龙蒿碎，混合拌匀，用盐和黑胡椒碎调味即可。

咖喱酱汁

做法

在锅中加入色拉油，加入干葱碎炒香，再加入咖喱粉拌匀，最后加入德式酱汁（二代酱汁），拌匀。用盐和黑胡椒碎调味，最后过滤入容器中即可。

贝西酱汁

做法

用黄油将干葱碎炒香，加入白葡萄酒，加热至酒精挥发，再加入白葡萄酒酱汁（二代酱汁），混合均匀，最后加入柠檬汁和意大利芹碎拌匀。离火后加入适量黄油拌匀，用盐和黑胡椒碎调味即可。

（4）常用搭配

常和鱼类、蛋类、海鲜类和蔬菜类等搭配。

3. 白色酱汁类（牛奶基底）

白色酱汁是以牛奶或白色基汤为液体物质制作的一大类酱汁。

本节介绍以牛奶为液体物质制作的主酱汁贝夏美白酱汁（Bechamel Sauce）及其支系。

（1）主酱汁——贝夏美白酱汁（Bechamel Sauce）

贝夏美白酱汁

组成：牛奶＋黄油面酱（白色）＋增味物质。

增稠材料：黄油面酱。

做法：将黄油面酱和牛奶混合，边加热边搅拌，再加入额外增味物质煮制，收稠即可，最后进行过筛。

示例

贝夏美白酱汁

材料

牛奶	150 毫升
淡奶油	50 毫升
白洋葱碎	50 克
黄油	20 克
面粉	20 克
月桂叶	1 片
丁香	1 粒
豆蔻	1 个
盐	适量
胡椒粉	适量

1 将黄油放入锅中，加热至熔化。加入面粉，边加热边将其搅拌至无干粉状。

2 将常温牛奶与淡奶油混合，拌匀，边搅拌边将一部分液体混合物倒入步骤1的食材中，小火收稠，分次加入剩余液体混合物，搅拌均匀。

3 加入白洋葱碎、丁香和月桂叶，刨入适量豆蔻，中火加热至沸腾，再转小火继续煮约 15 分钟，最后加入盐和胡椒粉调味。

4 将酱汁过筛入容器中。

（2）小酱汁

组成：主酱汁 + 增味物质。

做法：将组成部分混合加热，收稠即可。

常见小酱汁：奶油酱汁、芝士酱汁。

奶油酱汁

做法

将贝夏美白酱汁（主酱汁）和适量淡奶油混合拌匀，用盐和胡椒粉调味即可。

芝士酱汁

做法

将贝夏美白酱汁（主酱汁）和芝士倒入锅中，加热至芝士溶化，用盐、胡椒粉和红椒粉调味即可。

（3）常用搭配

常和奶油浓汤、意大利面、舒芙蕾和蔬菜等搭配。

4. 番茄酱汁类

在西餐传统酱汁制作中，番茄酱汁类的酱汁是以番茄和基汤为基础，以咸肉（如培根）、芳香蔬菜（胡萝卜粒、洋葱粒和西芹粒）、蒜和香料等调味，添加黄油面酱增稠的红色酱汁。该类酱汁中只有一种主酱汁。

（1）主酱汁——番茄酱汁（Tomato Sauce）

组成：番茄 + 基汤 + 黄油面酱 + 增味物质。

增稠材料：黄油面酱。

做法：用黄油将增味物质炒香，加入面粉混合均匀，再加入番茄、基汤和调味物质煮，收稠，最后进行调味即可。

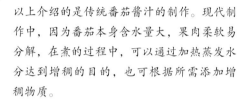

Tips

以上介绍的是传统番茄酱汁的制作。现代制作中，因为番茄本身含水量大，果肉柔软易分解，在煮的过程中，可以通过加热蒸发水分达到增稠的目的，也可根据所需添加增稠物质。

番茄酱汁

（2）小酱汁

组成：主酱汁 + 增味物质。

做法：将组成部分的材料加热混合，收稠即可。

常见小酱汁：葡萄牙酱汁、普罗旺斯酱汁。

葡萄牙酱汁

做法

将番茄酱汁（主酱汁）放入锅中，煮沸，再加入少许浓缩牛酱汁和意大利芹碎，混合均匀，用盐和胡椒粉调味。

普罗旺斯酱汁

做法

用橄榄油将蘑菇片炒香，再加入番茄酱汁（主酱汁）和黑橄榄片，煮沸，最后加入意大利芹碎，拌匀，用盐和胡椒粉调味。

（3）常用搭配

常和意大利面、蔬菜、鱼类和面包等搭配。

5. 黄油基底酱汁类

黄油基底类酱汁主要是以澄清黄油为基底制作而成的酱汁，该种类有一种主酱汁，即荷兰酱汁，它是将澄清黄油和蛋黄混合乳化，并用柠檬汁调味的温热型酱汁。

（1）主酱汁——荷兰酱汁（Hollandaise Sauce）

组成：澄清黄油 + 蛋黄 + 增味物质。

增稠原理：乳化。蛋黄中含有的卵磷脂（乳化剂），可以帮助酱汁形成均一稳定的乳状液。

做法：将蛋黄隔温水加热，并进行搅打，直至呈浓稠状态，再分次边搅拌、边加入澄清黄油，混合拌匀，最后加入柠檬汁等调味即可。

荷兰酱汁

制作重点解析

荷兰酱汁在众多酱汁制作中，非常考验厨师的功底，下面从操作前、操作中和操作后 3 个方面介绍相关细节，降低失败率。

1）**操作前**。建议选取新鲜的鸡蛋进行制作，乳化效果更好；建议选用澄清黄油制作。

2）**操作中**。

①温度的把控。制作过程中，保证蛋黄全程隔温水加热。因为蛋黄遇热会变得浓稠，将其放置在一个温和且受热均匀的环境中制作，有利于提高酱汁的浓稠度。

除此之外，添加材料的温度也要温和，如澄清黄油的温度不可过高或过低。温度过高会使蛋黄凝结，出现颗粒；温度过低会使蛋黄凝固，出现颗粒，不利于乳化进行。

②加入澄清黄油的小技巧。遵循少量多次加入澄清黄油的原则操作。尤其是初期加入时，量要更少，并且要完全搅拌均匀，然后分次加入剩余的澄清黄油。确保每次加入澄清黄油前，混合物的状态都是完全乳化的。

3）**操作后**。荷兰酱汁是一款加蛋乳化的酱料，需在温热的环境下保存（60℃左右）。如果温度过低或过高会影响酱汁的使用状态。温度过高，蛋黄凝结，油脂会渗出；温度过低，黄油凝结，酱汁分离。

酱汁在使用时，不可直接浇淋在表面温度非常高的菜品中，因为高温会使酱汁分离，影响口感和美观。

澄清黄油是什么？为什么要用其制作该款酱汁？

澄清黄油：

黄油主要由脂肪、水和牛奶固体物组成。将黄油加热至完全熔化，其内部的水分蒸发，静置一段时间后，内部的牛奶固体物沉淀，呈现出固液分离的状态。只取上部分的纯油脂，即可得到澄清黄油。

澄清黄油

使用澄清黄油的原因：

① 澄清黄油和未处理的黄油相比，由于其去除了牛奶固体物，其烟点变高、耐高温，适合高温烹饪。未经处理的黄油中含有的固体物，在高温烹饪下会变糊和变焦，产生黑色色素，并且冒出大量油烟，使食材又黑又苦。

② 使用澄清黄油制作的酱汁比未处理的黄油更加浓稠。因为澄清黄油中已经去除了水分，而未处理的黄油中含有的水分对酱汁浓稠度有一定影响。

（2）小酱汁

组成：主酱汁 + 增味物质。

做法：将主酱汁和增味物质混合即可。

常见小酱汁：橙味酱汁。

橙味酱汁

做法： 在荷兰酱汁（主酱汁）中加入适量橙汁和橙皮屑，混合均匀，用盐和胡椒粉调味。

（3）常用搭配

海鲜、鸡蛋和蔬菜等，如班尼迪克蛋。

荷兰酱汁（Hollandaise Sauce）和波米兹酱汁（Bearnaise Sauce）的区别

以澄清黄油基底制作的常用酱汁波米兹酱汁，制作中使用了蛋黄，也是一种含蛋乳化的酱汁。一般情况下，波米兹酱汁的增味材料会先处理出香味后，再与蛋黄、澄清黄油混合，其增味材料丰富、浓郁，是比较有个性的酱汁类型。而荷兰酱汁的增味物质一般都在最后加入。

荷兰酱汁　　　　　波米兹酱汁

荷兰酱汁：其调味材料主要是柠檬汁和基础调料（盐和胡椒粉等），调味在制作后期进行。

波米兹酱汁：其调味材料比荷兰酱汁多，有葡萄酒、醋、干葱和龙蒿等。一般先将调味物质混合加热，再加入蛋黄和澄清黄油混合，最后会再进行基础调味。

四、西餐其他酱汁的制作

随着时代的发展，各类创新酱汁应运而生，西餐酱汁的数量愈加多了起来。尽管如此，以上5大主酱汁的制作方式在西餐酱汁的制作中还是较为重要的。理想的酱汁具有以下几个特点。

质地方面： 一般酱汁稠度要适中，不可过稠，以刚好附着在菜品上为最佳。整体顺滑，无明显结块颗粒状物质。

口味方面： 具有独特且浓郁的风味，味道适中，无其他不良味道，如生淀粉味。

色泽方面： 色泽较为自然适宜，对于色泽度要求较高的酱汁，添加黄油可以提亮，根据所需添加即可。

除5种传统主酱汁以外，还有许多种类的酱汁，为了表述清晰，下面的"其他酱汁"指5种传统主酱汁之外的酱汁。

1. 传统酱汁与其他酱汁

（1）传统酱汁的制作流程

第一步：选取液体物质（有些液体物质，如基汤和澄清黄油可以提前制作），通过添加增稠剂，制作出主酱汁。

第二步：在主酱汁的基础上添加增味物质，制作出二代酱汁或小酱汁。

（2）其他酱汁的制作流程

其他酱汁的制作流程较为灵活，根据食材一般特性或厨师的创意而来。

2. 常见的其他酱汁

（1）香草黄油酱汁

制作方法：将软化黄油和增味物质混合均匀，再处理成圆柱形（可将其放在保鲜膜里，包裹起来后，卷成圆柱形），放入冰箱冷冻变硬。

黄油在20℃左右时呈膏状，质地较软。由软化黄油和各种增味物质（如蒜、芥末和各类香草等）混合制作而成的一类风味黄油酱汁（成型时呈软化膏状，冷冻后可定型）。

该类酱汁除了有黄油特殊的风味，还有增味物质的味道。增味物质根据个人所需进行添加。

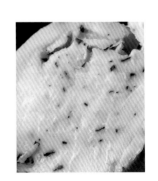

香草黄油酱汁

使用方法：将其切成硬质的圆片，放在温度较高的菜品上，利用食材自身的热量将酱汁熔化，为菜品增添风味。

（2）白酒黄油酱汁

制作方法：将白葡萄酒、醋和增味材料混合加热，至酒精挥发后，加入黄油，搅拌至完全融合，最后调味过滤即可。该种酱汁味道浓郁。

使用方法：白酒黄油酱汁是西餐中常用的酱汁，可直接和菜品搭配食用。

白酒黄油酱汁

注意

① 加热黄油的温度要适宜，不可过高或过低。温度过高，黄油会过度加热引起变色，影响酱汁的状态；温度过低，黄油冷却，会出现分离的状态。

② 该种酱汁也可以添加其他风味物质，延伸出其他口味的酱汁。

（3）油醋汁

制作方法：直接将橄榄油和各种西式醋类（意大利黑醋、红酒醋等）、各式碎末状的风味物质混合在一起即可。

类似的混合类酱汁还有青酱，也是直接将所有食材（罗勒叶和芝士等）放在料理机中搅打均匀即可。

油醋汁

（4）以食材汁水为基底制作的酱汁

该类酱汁风味侧重于菜品主食材本身，主要以食材本身析出的汤汁为基底制作而成。

制作方法：将菜品主食材（肉类或禽类等）和增味物质（如芳香蔬菜）通过烤、煎或煮的方式，使其析出汤汁。以该种汤汁为基底，依据所需添加（或不添加）液体物质或增稠物质，再进行收稠和调味即可。

牛骨烧汁

材料

牛骨头	1000 克	红酒	40 克
胡萝卜块	100 克	黄油	60 克
西芹丁	80 克	橄榄油	适量
洋葱块	80 克	黑胡椒碎	适量
番茄块	80 克	盐	适量
蒜	40 克		

1 将胡萝卜块、西芹丁、洋葱块、番茄块、蒜放入烤箱中，以180℃烘烤10分钟，使水分挥发。

2 将牛骨头放入烤箱中，以210℃烘烤约40分钟至焦黄。

3 将黄油放入平底锅中，小火熔化，放入牛骨煎至焦香。

4 将步骤1烤好的蔬菜放入汤桶中，加入适量水、橄榄油，加入牛骨头、红酒加热，使红酒的辛辣味蒸发、糖分焦化，留下酒中香甜的风味。

5 加入冷水没过食材，小火慢煮8~12小时。煮好后过滤取汤汁。

6 将汤汁倒入平底锅中，加入黄油、黑胡椒碎、盐，小火边加热边用橡皮刮刀搅拌至浓稠即可。

Tips

1. 牛骨头采用先烤后煎的方法可以节约制作时间，风味也更为浓郁。

2. 将制作好的牛骨烧汁密封，放入冰箱冷冻保存，可长时间使用。

3. 在熬煮过程中，需要将汤表面的油脂撇出。

红酒汁

材料

洋葱条	30 克
红酒	100 克
丁香	1~2 克
淀粉	10 克
黑胡椒粒	5 克
细砂糖	5~8 克
盐	2 克

做 法

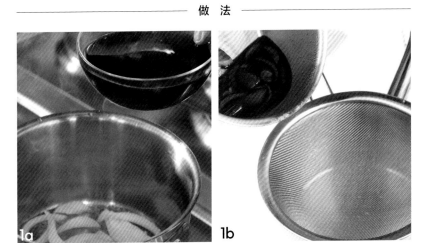

1 锅中加入洋葱条、细砂糖、丁香、红酒、黑胡椒粒、盐煮约30分钟，过滤取汁。

2 淀粉中加入少许水搅拌均匀，分次加入步骤1的食材中，小火煮至浓稠即可。

番茄酱

材料

去皮番茄	400 克	白洋葱	20 克
蒜	2 瓣	橄榄油	20 克
罗勒叶	5 克	盐	2 克

比萨番茄酱

材料

去皮番茄	300 克	盐	适量
橄榄油	30 克	黑胡椒碎	适量
罗勒叶	5 克		

做法

将去皮番茄、橄榄油、罗勒叶倒入料理机中搅打至酱汁状,加入盐和黑胡椒碎调味即可。

比萨番茄酱

Tips

1. 比萨番茄酱味道不宜过重,如果味道偏酸可以加入少量糖调节。
2. 制作时可以不加入罗勒叶,但加入罗勒叶的风味更佳。

做 法

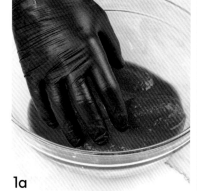
1a

1b

2a

2b

2c

3a

3b

1 用手捏碎去皮番茄,将白洋葱去皮切成粒,将蒜去皮切片。

2 锅加入橄榄油、白洋葱粒、蒜片和少许盐炒香,加入去皮番茄酱,再加入适量热水,小火煮 20 分钟。

3 离火,加入罗勒叶搅拌均匀即可。

牛肝菌酱

材料

牛肝菌片	100 克
洋葱粒	50 克
橄榄油	30 克
黑胡椒粒	适量
盐	适量

1a

1b

2a

2b

2c

1 锅中加入橄榄油、洋葱粒、牛肝菌片、盐、黑胡椒粒炒香，加入适量水，煮至牛肝菌完全熟透。

2 将步骤 1 的食材放入料理机中，搅打至质地浓稠，装入盛器中即可。

Tips

盐、黑胡椒粒的添加量依据个人口味调节。

酸奶油

材料

淡奶油	200 克
柠檬汁	10 克
盐	适量
黑胡椒碎	适量

1 在淡奶油中加入柠檬汁，搅打混合均匀。

2 持续搅打至淡奶油呈浓稠状，加入少许盐和黑胡椒碎调味。

Tips

1. 酸奶油适宜搭配龙虾、鱼食用。

2. 如使用电动打蛋器制作，全程要低速搅打，淡奶油的打发程度不要超过六成。

3. 盐、黑胡椒碎添加量依据个人口味调节。

意大利肉酱

材料

牛肉糜	300 克
猪肉糜	300 克
橄榄油	适量
洋葱末	70 克
胡萝卜末	70 克
西芹末	70 克
去皮番茄	300 克
香叶	2~3 片
黑胡椒碎	适量
红酒	200 克
盐	适量

1 在煎锅中加入橄榄油、西芹末、胡萝卜末、洋葱末，炒至无水状态，加入牛肉糜、猪肉糜炒制均匀，当肉糜稍焦黄时烹入红酒，待酒味挥发，转为小火熬制（用时约 1 小时）。

2 将步骤 1 的食材转入锅中，加入捏碎的去皮番茄和香叶，加盖煮约 1 小时，期间分次加少许水，防止肉酱熬干。

3 收汁，加入盐和黑胡椒碎调味即可。

Ps：收汁的状态依据不同使用需求而定，搭配千层面可以将汤汁收干些，搭配意粉和烩饭可以稍微多保留些汤汁。

Tips

因酱汁熬煮时间较长，期间要密切关注锅中状况，避免烧焦。

第三章

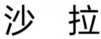

沙　拉

一、沙拉的组成

沙拉是西餐的重要组成部分，其制作可依据喜好创新，也可遵循经典的规则。

沙拉一般由沙拉酱、主材、配料等组成。

1. 沙拉酱

无论配菜的种类或数量多么繁复，沙拉酱一直都是沙拉的灵魂所在。基本沙拉酱有 3 种。

1）油醋汁。以油混合酸性食材（醋或柑橘类果汁）为基底，再添加其他材料制作而成的酱汁种类。

常见的酸性食材有白葡萄酒醋、意大利黑醋、红酒醋、苹果醋等，油有橄榄油、葡萄籽油等，使用蛋黄、芥末酱、蛋黄酱等作为乳化剂，可添加其他风味材料，如蒜、香料粉等。

2）以蛋黄为乳化剂连接油类材料和水制作的沙拉酱如蛋黄酱。

常见的油性材料有黄油、色拉油、橄榄油、芥花籽油等，还可混合其他风味材料，如蒜、香草、辣根、油浸番茄、辣椒等。

3）以乳制品为基础的沙拉酱如酸奶油。此类沙拉酱质地多浓稠，可均匀黏附在沙拉上。

蒜蓉蛋黄酱

蔬菜酸奶酱汁

2. 叶菜类材料

叶菜是沙拉常用的组合材料，常见的叶菜种类很多，根据其质地和口感大致可以分为 4 类。

1）清脆爽口的叶菜。常见的有球生菜、罗马生菜、绿叶生菜、红叶生菜、黄油生菜（波士顿生菜）等，适合以乳制品为基底的酱汁。

2）辛辣的叶菜。常见的有芝麻菜、西洋菜、日本芥菜（水菜）等，适合搭配风味强烈、包容性强的酱汁。

3）平和的叶菜。常见的有菠菜、乌塌菜等，适合搭配温和的酱汁。

4）苦味的叶菜。常见的有蒲公英叶、红菊苣、裂叶菊苣等，适合风味强烈的酱汁。

购买叶菜时，首先要确保新鲜，经过简单的择菜后，要迅速清洗，之后可以借助厨房纸巾或沙拉脱水器去除表面水分。

叶菜清洗后没有食用完，可包上厨房纸巾放于塑料袋中，微微敞口冷藏。

3. 海鲜与肉类

选择海鲜与肉类时，要进行适当的处理，以小、薄为宜，适合一口大小的较为常见。有时为了突出食材特色，也可保留其形状，如整虾等。

4. 绿色蔬菜与水果

一般情况下，绿色蔬菜需要先入沸腾的盐水中焯水，再放入冰水中冰镇，保持色泽的同时也保证了食材的口感。

与其他材料混合前，要确保沥干水，避免水影响酱汁的口感。

水果可以增添沙拉的口感和风味，常用的有苹果、梨、葡萄干等。水果可以直接切丁、切块、切片添入沙拉中，也可以通过烘烤或焦糖化赋予其更多风味。

焯水　　　　　　　　　　　　焯水后冰镇

5. 常见配料

具有特殊质地、特殊香气的材料可以给予沙拉独特的魅力，如风格独特的芝士、香料、洋葱、腌肉、腊肠、火腿、烟熏肉等。

西餐常见香料

二、经典沙拉

菜椒马苏里拉芝士沙拉配生火腿

材料

红菜椒、黄菜椒	150 克
荷兰芹碎	3 克
生火腿片	15 克
芝麻菜	50 克
橄榄油	适量
盐	适量
白胡椒碎	4 克
柠檬汁	适量
意大利醋	适量
白酒醋	10 克
马苏里拉芝士（湿）	60 克

—— 做 法 ——

1 在红菜椒、黄菜椒上抹一层橄榄油，放进烤箱，以 200℃ 烘烤 20 分钟，去皮去子。

2 将红菜椒、黄菜椒撕成大块，依次加入 15 克橄榄油、2 克盐、2 克白胡椒碎、柠檬汁、意大利醋、荷兰芹碎、白酒醋拌匀。

3 将马苏里拉芝士切成块，用 2 克盐、2 克白胡椒碎、5 克橄榄油拌匀。

4 在盘中放入红菜椒、黄菜椒，上面放马苏里拉芝士、生火腿片。

5 放上芝麻菜，用橄榄油、盐、意大利醋、柠檬汁拌匀。

茴香沙拉
佐芝麻菜配山羊芝士

材料

茴香根	100 克
芝麻菜	20 克
橙肉	62.5 克
山羊芝士	50 克
特级初榨橄榄油	18.75 克
红洋葱	62.5 克
盐	适量
黑胡椒碎	适量
柠檬汁	37.5 克
白酒醋	7.5 克
糖	30 克
白葡萄酒	适量
柑曼怡	适量
冰	适量
柠檬皮屑	适量

—— 做 法 ——

 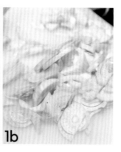

1 取 1/3 量的茴香根切成薄片，放入冰水中。剩余的茴香根切成大块。芝麻菜洗净。

2 在锅内放入水、盐、柠檬汁烧沸，将茴香根块与芝麻菜（留少许生的装饰用）放入锅内煮 30~40 秒捞出，用冷水过滤下，放入冰水中备用。

3 将茴香根块与芝麻菜过滤取出，放入料理机内，加入冷水，搅拌至浓稠度均匀，倒入锥形网筛，过滤出沙拉汁，在沙拉汁内加入适量盐、特级初榨橄榄油、柠檬汁拌匀。

4 将红洋葱切条，放锅内，加入糖、白葡萄酒、白酒醋、柑曼怡，加热煮沸，至酱汁呈浓稠状。

5 将山羊芝士放在盆中，加入特级初榨橄榄油、柠檬皮屑、盐、黑胡椒碎，搅拌均匀，放入冰箱冷冻 5~10 分钟。

6 将山羊芝士取出，用勺子挖两勺在手心搓圆（戴一次性手套）。

7 将步骤 3 做好的沙拉汁倒入盘内，放上茴香根片与生芝麻菜，再放上搓圆的山羊芝士。

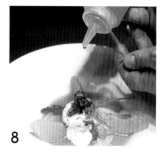

8 将两勺步骤 4 的食材放在山羊芝士上，在盘内四周摆放切好的橙肉。最后，撒上黑胡椒碎，淋上特级初榨橄榄油，撒柠檬皮屑。

龙虾沙拉配火腿慕斯香草美式酱汁

● 龙虾沙拉
材料

波士顿龙虾	2 只
四季豆	16 根
盐水	800 毫升
芒果	1 个

● 生火腿慕斯
材料

生火腿	50 克
淡奶油	120 克
盐	适量
黑胡椒碎	适量

● 装饰
材料

香草美式酱汁	适量
菊苣	8 片
综合蔬菜（生菜、	
紫萝沙、苦细叶）	
	适量
盐	3 克
黑胡椒碎	2 克
橄榄油	5 克

1 分解波士顿龙虾成龙虾头、龙虾身体、龙虾钳子；先将龙虾头放入水中煮沸，熬制成汤，再放入龙虾身体，待水再次煮沸后，放入龙虾钳子煮熟。

2 将分解的龙虾捞出，放入冰水中，冷却龙虾。

3 拨开龙虾壳取出龙虾肉冷藏备用。

4 将四季豆斜刀切成段，放入盐水中煮至熟透，捞入冰水中，冷却待用。

5 将芒果切块备用。

6 将生火腿切成块，放入料理机中打碎成泥。

7 使用网筛过滤使其更加细腻。

8 将淡奶油打发，与火腿泥搅拌均匀。

9 加入适量盐与黑胡椒碎拌匀，放入冰箱中冷藏待用。

10 将菊苣、综合蔬菜加入适量盐、黑胡椒碎、橄榄油拌匀。

11 在盘内摆放切好的芒果和四季豆，龙虾身体切成 4 块偏厚的圆块，尾巴一切为二，摆放在盘内。

12 将拌好的综合蔬菜放在龙虾上面。

13 在龙虾表面淋上香草美式酱汁，边缘放上一勺生火腿慕斯。

地中海海鲜沙拉

材料

大明虾	2只（120克）
花蛤	100克
墨鱼卷	80克
鱿鱼（治净）	60克
柠檬	1个（约120克）
橄榄油	30克
欧芹碎	3克
盐	适量
黑胡椒碎	适量
月桂叶	2片
各种蔬菜	100克
莳萝	2克

做 法

1 在水中加入盐和月桂叶，煮沸腾。

2 将花蛤用少量温水煮至开口（不开口的花蛤不要）。

3 将鱿鱼去皮，剞花刀，切成片。

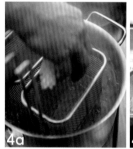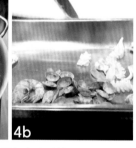

4 将鱿鱼片、大明虾、墨鱼卷分别放入步骤1的锅中，各煮2分钟左右，全部放凉备用。

5 将各种蔬菜切成小细条，和鱿鱼片、大明虾、墨鱼卷一起放在盘中，加入欧芹碎、盐、黑胡椒碎。

6 将柠檬榨汁，和橄榄油一起放入挤料瓶中，用力晃动，混合均匀，然后挤入步骤5的食材中，搅拌均匀。

7 将步骤6的食材放在盘中，柠檬取皮切丝，用莳萝和柠檬皮丝装饰食材。

米饭沙拉

材料

材料	
意大利米	100 克
长枪乌贼	80 克
花蛤	100 克
对虾	80 克
青口贝	80 克
四季豆	80 克
盐水	800 毫升
蒜末	10 克
小番茄	10 克
红椒	50 克
黄椒	50 克
香葱花	5 克
荷兰芹末	3 克
苦叶生菜	10 克
红叶生菜	10 克

调料

调料	
橄榄油	适量
盐	适量
柠檬汁	少量
白葡萄酒	10 毫升
白酒醋	10 毫升
意大利香醋汁	适量
白胡椒碎	2 克

Tips

蔬菜沙拉：将苦叶生菜、红叶生菜洗干净并吸干表面的水，加入盐、橄榄油、意大利醋拌匀。

做 法

1 水烧沸，放入意大利米煮 16~18 分钟，做成米饭，倒入盘中放凉，再用少量橄榄油拌匀。

2 将长枪乌贼、花蛤、对虾、青口贝、四季豆分别放入盐水中煮熟，捞出。

3 将长枪乌贼、花蛤、对虾、青口贝切小块，加入盐、少量橄榄油、柠檬汁、5 毫升白酒醋、白葡萄酒、意大利香醋汁、蒜末拌匀。

4 四季豆切小段，小番茄切小块，烤好的红椒、黄椒切粒（将红椒、黄椒抹橄榄油入烤箱以 200℃烤 20 分钟，再去表皮），都放入米饭中。

5 将长枪乌贼块、花蛤块、对虾块、青口贝块也放入米饭中，撒上香葱花、荷兰芹末，淋上少量橄榄油、盐、白胡椒碎、5 毫升白酒醋、意大利香醋汁拌匀。

6 装盘：将圈模放在盘子中心处，再将米饭放入圈模内压平整；上面放蔬菜沙拉装饰，淋上意大利香醋汁，去除圈模即可。

● 意大利香醋汁

材料

材料	
意大利香醋	60 克
盐	2 克
黑胡椒粒	2 克
柠檬汁	20 克
橄榄油	10 克

做法

锅烧热，加入意大利香醋、盐、黑胡椒粒、柠檬汁熬至浓稠，过滤后加入橄榄油拌匀。

托斯卡纳面包沙拉

材料

材料	用量
大番茄	300 克
黄瓜	200 克
洋葱	200 克
硬质面包粒	300 克
新鲜罗勒叶	30 克
特级初榨橄榄油	适量
意大利黑醋	适量
盐	适量
黑胡椒碎	适量

做 法

1 将黄瓜、大番茄、洋葱切成小块备用。

2 将罗勒叶去除大茎，留叶子备用。

3 将上述准备好的材料放入一个大碗中，也把硬质面包粒一同放入。

4 加入盐、黑胡椒碎，拌匀至硬质面包粒表面略湿润，淋上特级初榨橄榄油和意大利黑醋。

完美鸡蛋配尼斯沙拉

材料

大番茄	1~2 个
红椒	1 个
青椒	1 个
黄椒	1 个
黄瓜	1~2 根
西芹	适量
细青葱	适量
樱桃萝卜	1~2 个
鸡蛋	4~6 个
罗勒叶	适量
罐头鳀鱼	适量
红圣女果片	适量
黄圣女果片	适量
橄榄油	适量
盐	适量
黑胡椒碎	适量

● 处理蔬菜 ——— 做 法 ———

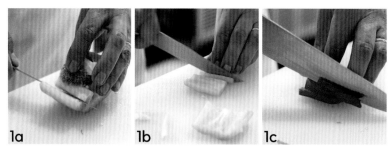

1 将红椒、青椒、黄椒去心切条。

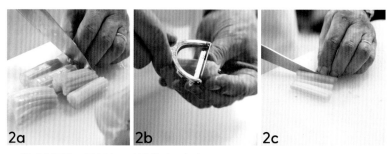

2 将西芹切段，用刨皮刀去除外皮，切条。

3 黄瓜切段，去子切条。

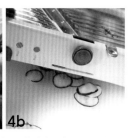

4 将樱桃萝卜去头和尾部，放在切片器上，削出薄片。

5 将细青葱切除两端。

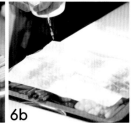

6 将以上材料放入烤盘中，表面盖一张厨房用纸，洒适量水，放冰箱冷藏，使其保持湿润。

7

8

9a

9b

7 将鸡蛋放入网筛中，用铝箔纸将网筛口包好。将低温料理机放入装有水的汤桶中，加热水温至 65℃时放入网筛，煮约 1 小时。

8 取出鸡蛋，将蛋白、蛋黄分离。

9 将蛋白和蛋黄分别放在网筛中，用勺子按压碎。

10a

10b

10c

10 取罗勒叶放入料理机中，加入橄榄油、盐、黑胡椒碎，打至泥状即成罗勒酱。

● 番茄 ——————————————— 做 法 ———————————————

11 将大番茄头部、尾部、心去除，中间部分切除，呈篮子状。

● 装盘 ——————————————— 做 法 ———————————————

12 将大番茄摆放在盘子中间，两侧用牙签固定。将步骤6中的蔬菜摆放在周围和大番茄中间处，固定好后取下牙签。

13 在周围摆放红圣女果片、黄圣女果片、樱桃萝卜片、罐头鳀鱼。表面撒少许盐，淋适量橄榄油。

14 再撒适量蛋黄碎、蛋白碎，点缀罗勒酱。

夏日沙拉

材料

腌制红洋葱	适量
腌制樱桃萝卜片	适量
西瓜块	80克
芝麻菜	20克
圣女果	6颗
青柠	1个
黑橄榄	5~7个
橄榄油	适量
山羊芝士	适量
盐	适量
现磨黑胡椒碎	适量
薄荷叶	适量

准备

1 黑橄榄切片。
2 腌制的红洋葱切丝。
3 西瓜去子，切小块。

做 法

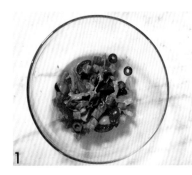

1

圣女果一切为二，将圣女果、西瓜块、黑橄榄片、芝麻菜放入容器中，加入橄榄油，挤入青柠汁搅拌，加入少许盐、现磨黑胡椒碎调味。

2

装入沙拉碗中，顶部摆放山羊芝士、腌制红洋葱丝、腌制樱桃萝卜片、薄荷叶装饰。

Tips

红洋葱腌制方法：将红洋葱一片片掰开，放入冷水中，加入盐、细砂糖、白酒醋腌制，放入冰箱冷藏约90分钟。

樱桃萝卜片腌制方法：将樱桃萝卜片放入冷水中，加入盐、细砂糖、白酒醋腌制，放入冰箱冷藏约90分钟。

香煎石斑鱼配古斯米蔬菜沙拉

1 将古斯米放入盆中，加入一部分矿泉水，将米泡在里面，泡到水都被米吸收，再加一些矿泉水浸泡。

● 古斯米蔬菜沙拉	
材料	
古斯米	100 克
矿泉水	300 克
意式泡菜	50 克
橄榄油	适量
甜辣酱	15 克
欧芹碎	3 克
尖椒碎	10 克
盐	适量
黑胡椒碎	适量

2 将意式泡菜切成小丁，和沥干的古斯米拌在一起。

3 加入盐、黑胡椒碎、橄榄油、甜辣酱和欧芹碎、尖椒碎调味。

● 真空蒸石斑鱼

材料

石斑鱼	1 条
盐	适量
橄榄油	20 克
黑胡椒碎	适量
干百里香	3 克
浓缩黑醋汁	少许
混合生菜	20 克
圣女果	15 克

备注

1. 真空低温烹饪在意大利很实用，大概可以保存 15 天的新鲜度。
2. 泡 100 克古斯米用 300 毫升矿泉水。
3. 意式泡菜也可以用新鲜蔬菜代替。
4. 古斯米是用硬质小麦加工而成，在北欧很流行。
5. 这道菜属于地中海风味，在意大利南部吃时可加少量辣椒，在北部就不加辣椒；在意大利南部，一般用作配菜。
6. 石斑鱼还有另一种做法：腌制好后直接煎香，腌制调料一样。

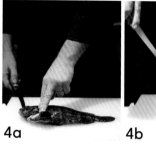  

4 将石斑鱼洗净，去鳞、去鳃、去内脏，取鱼片（去除鱼刺）备用。

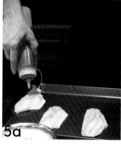 

5 将石斑鱼片洗净，擦干表面的水，淋上橄榄油，撒上盐、黑胡椒碎和干百里香。

6 放入真空袋中，抽干空气，封口。

7 将真空袋放入带孔的烤盘中，以 55~56 ℃蒸 40 分钟。

8 锅烧热，加入橄榄油，将石斑鱼片放进锅中，两面煎黄，调小火煎熟。

9 将古斯米用模具做成圆形，放在盘子上，上面放煎好的石斑鱼片，淋上浓缩黑醋汁和橄榄油，用混合生菜和圣女果装饰。

意式火腿沙拉

材料

意式火腿片	100 克
紫橄榄	50 克
苦菊	60 克
圣女果	60 克
小黄瓜	60 克
黄彩椒	20 克
洋葱	20 克
特级初榨橄榄油	10 克
意大利黑醋	20 克
荷兰芹碎	5 克
盐	适量

做 法

1

将洋葱切末,加入特级初榨橄榄油、意大利黑醋、荷兰芹碎、盐,做成油醋汁。

2

将小黄瓜切片,圣女果一切两半,紫橄榄撕成小片,黄彩椒切片,苦菊择好,以上都用冰水冰镇,备用。

3

将所有蔬菜放进沙拉碗中,淋上油醋汁。

4

将意式火腿片卷成圆筒,摆放在沙拉蔬菜周边。

玉米番茄鲜虾沙拉

材料

材料	用量
大虾	100 克
大番茄	80 克
玉米粒	30 克
洋葱	30 克
白腰豆	20 克
柠檬	30 克
西芹	40 克
荷兰芹	10 克
橄榄油	20 克
盐	3 克
圣女果	20 克
混合生菜	40 克

做 法

1 将准备好的大虾放入水中，煮熟，捞出。

2 将大虾、大番茄粒、玉米粒、洋葱碎、白腰豆、圣女果、西芹段放入碗中。

3 柠檬取汁，取沙拉碗加入柠檬汁、盐、橄榄油、荷兰芹碎混合拌匀，再将混合生菜放入盘中，垫底，最后将步骤 2 的食材放在上面即可。

准备

1 将大虾头部、虾线去除。

2 将大番茄去皮，去子，切粒。

3 将圣女果切开。

4 将西芹去皮，切段。

5 将荷兰芹、洋葱切碎。

第四章

主　菜

一、主菜的基础烹饪方法

西餐主菜在西餐中占据核心地位，其菜品丰富，制作方法多变，比较常见的制作方法有以下几种类型。

1. 焯水

焯水，又叫白灼，是对食材初步加工的方法之一。通常是将食材（肉类或蔬菜类）放入热水中短时间加热，再将其捞出，之后可根据需求，将食材放入冰水中降温，后期再依据所需对食材进一步加工。

焯水可以保持食材本身的颜色，还可以辅助番茄等食材剥皮。

1）**冷水焯水**：常用于处理各类肉类或动物骨头。将处理好的肉或骨头放入冷水锅中，随着水温的上升，肉类或动物骨头里的血水和杂质会被水逼出来，以去除材料中血污、杂质和腥膻等，如牛、羊、鸡和猪肉及其内脏焯水后都可减少异味。

2）**热水焯水**：常用于处理各类蔬菜。将处理好的蔬菜放入沸腾的水中，由于热水的作用，在短时间内蔬菜表面毛孔会迅速收缩，可以锁住食材本身的水分和营养。能够使食材颜色更加鲜艳，也可使食材更加脆嫩可口，减少食材的苦、涩和辣等味道，同时达到高温杀菌消毒的效果。

如菠菜、西芹和芦笋等绿色食材在焯水后，颜色会比之前更加鲜艳有光泽。苦瓜焯水后可减轻其中的苦味。扁豆中含有的血球凝集素，也可以通过焯水去除。

2. 水浴（液体浴）

水浴是将食物浸入温度为71~85℃的液体中进行烹饪的方法。液体根据需要可以选择水或汤等。

1）**水作为载体的水浴处理**：多应用于丸子、香肠、蛋类等。

2）**基础汤或汤作为载体的水浴处理**：将食材直接放入基础汤或汤中，再慢慢升温，使食材在逐渐上升的温度中定型。该种烹饪方法不仅可以去除食物中的异味，还可以帮助食物成型，多用于食物烹调的最后一步制作。

3. 煮

煮是将食材浸入温度为100℃的水中烹熟的方法。煮制的食物没有烧烤类食物油腻。食材的煮制时间比炖的时间短，煮制好的食物口味清鲜。

1）**加入冷水并加盖**：可以让食物吸收更多的水分，还可防止食物表面发硬和变韧。适用于土豆、干的蔬菜和骨头的制作。

2）**加入冷水或冷的底汤不加盖**：在液体未达到沸点时烹调食材，可以防止液体变得混浊，适合清底汤、清肉汤和肉冻等制作。

3）**加入沸水并加盖**：可以使食物在短时间内烹熟，可以保存相对多的维生素和矿物质，适用于某些蔬菜和淀粉类食物。不适用肉类和高蛋白食物，因为高温会使肉、鱼和蛋中的蛋白质变硬，而且快速沸腾的液体也会损坏食物的鲜嫩度。

4）加入到快速沸腾的热水里不加盖：适用于意大利面和意式米饭等食材处理，面食表面的淀粉在水中会产生黏性，沸水会对其产生压力，防止食材互相粘连在一起。

4. 蒸

蒸是将处理好的食材直接与蒸汽接触，利用蒸汽将其烹饪至熟的一种方法。

蒸制的食材水分挥发量比其他的烹饪方法要少，极大程度上保存了食材本身的营养物质、鲜味与香气。同时，蒸制无需翻动食材便可将其制熟，能保持食材外观完整度。

5. 炖

炖是用少量液体与食材混合，再盖上盖子，温度保持在85~96℃进行长时间烹饪的一种方法。炖是在盖上锅盖的条件下进行的。锅内液体经过加热所产生的蒸汽会停留在锅中，此时锅内会形成一个循环系统，锅内上部的食材会被蒸汽烹饪至熟。

长时间炖制的肉菜非常软烂，容易被人体消化吸收。

6. 煨

煨是先将食材用油煎制，再加入少量液体，盖上盖子，小火长时间烹饪的方法，是一系列烹饪方法的组合。煨类似于中餐中的红烧，不同的是中餐会用酱油、啤酒和白酒等对食材进行烹饪，而西餐会用基汤、红酒和醋等来对食材进行烹饪。

7. 上釉

上釉是法餐中常用的技巧，意指给蔬菜上色。主要用在一些根类蔬菜上，让蔬菜的颜色变得更亮丽，如小洋葱、小萝卜等。一般上釉的食材需提前焯水，再将其放入小锅中加入油脂类、糖类和液体，通过煨的烹调方式，使食材表面形成一层光亮的外壳。

8. 烤

烤的英文是 Roast，是将食物放置在烤箱里，利用干燥的热空气循环对食物进行加热的烹饪方法。烤一般用于烤肉、蔬菜类等，与"Bake（烘焙）"不同。

9. 烘焙

烘焙是将食物放置在烤箱里，用干燥的热空气循环对食物进行加热的一种烹饪方法，其在技术处理上与烤无差别，主要侧重于西点类产品的制作。

10. 扒

扒，即架烤，指在敞开的架烤炉上进行烹调的方法，这里的热源可以是木炭、电或燃气。具体烹调时，通过架烤炉上热度的不同来移动食物达到调节温度的效果。架烤的肉需要翻动，直至食物达到所需的成熟度。

食物需放在高温（220~250℃）的架烤炉进行烹调，可以封锁食材的毛孔，后期可根据食物的大小厚薄再调整温度进行烹饪，一般是 150~200℃（先高温锁住毛孔，再低温烹饪至熟）。

11. 炒

炒指用少量油在高温（180~240℃）下通过搅拌、翻锅的方式将食材制熟的烹饪手法。

炒制食材时，要利用木铲等工具确保食材一直处于运动的状态，不断翻拌，防止食材炒焦或成熟度不均匀。

12. 煎

从烹饪手法上看，煎和炒的最大区别在于食材在锅中的状态，煎的时候食材在锅中是一种静止的状态，不轻易晃动，炒则需不停地搅拌翻动。

13. 油炸

油炸指用高温（温度为160~180℃）且量能没过食材的油脂对食材进行加热的烹调方法。将食材置于较高温度的油脂中，可以对食材加热，能快速熟化。

14. 焗

焗是将黄油、芝士等盖在易熟或半熟的食材上，放入特制的焗炉中，短时间内将其高温加热至黄油或芝士熔化的一种烹饪方法。

焗是以汤汁与蒸汽为导热媒介，将半成品加热至熟。这种烹饪方法不仅能保证菜肴新鲜度，还能使菜肴具有浓郁的香味，色泽也鲜亮。

15. 锅炖

锅炖就是将肉、鱼等放在铺满蔬菜的铸铁炖锅里，再加入约食材量 1/3 的水，置入温度为 135~177℃的烤箱中烘烤。肉类配上肉汁、胡萝卜、土豆和西芹，是寒冷季节时餐桌上的主菜。

注：煨、炖是直接将食材完全浸没在液体中烹饪，而锅炖只需将液体注入到食材的 1/3 处即可。

16. 熏

熏指将食材放置于密闭的容器中，利用熏料产生的烟对其加热的一种烹饪方法。

熏制时，将烟熏料放入烟熏料斗中，然后点燃料斗中的烟熏料，将烟管放在盛放食材的容器中，当看到烟雾从烟口排出时，即可对食材进行烟熏。

17. 真空低温烹饪

真空低温烹饪是将处理好的食材放置于密封真空的环境中，通过精确控制温度的方法，使食材一直处在所需烹饪温度范围的一种烹饪方法。

真空低温烹饪是含有大量结缔组织硬肉的首选烹饪方法。将食材放在适当的温度和湿度的环境中，使食材内的纤维慢慢溶解，使成品湿润。

真空低温烹饪通常需要长时间烹饪。

常用食材真空低温烹饪温度及时间

食材	用量	温度	时间
西冷牛排	200 克	59.5℃	45 分钟
鸡腿	500 克	64℃	1 小时
鸭胸	500 克	60.5℃	25 分钟
羊排	200 克	60.5℃	35 分钟
猪里脊	200 克	80℃	8 小时
小牛牛排	200 克	61℃	30 分钟
鹅肝 （改刀去筋，平铺在真空袋中）	1000 克	68℃	25 分钟
金枪鱼	500 克	59.5℃	13 分钟
三文鱼	500 克	59.5℃	11 分钟
龙虾（去壳）	300 克	59.5℃	15 分钟

18. 微波炉烹饪

微波炉烹饪是利用食物在微波炉里吸收微波的能量而使自身加热的一种烹饪方法。

主要有以下几个使用场景：

1）将熟制的食物加热。

2）将冷冻的生或熟的食物解冻。

3）对食材的初步烹饪。

微波烹饪时，需选用陶瓷器、耐高温玻璃等作为微波烹饪用的器皿。对于有些食材，用微波炉烹饪会使食材失去大量水分，所以在加热前可用耐高温保鲜膜将其包裹后，再对其进行加热。

使用微波炉烹饪食物时，要时刻注意食物变化，防止过度烹饪。

澳带伴鹅肝配焦糖苹果

材料

鹅肝	80 克
黄蕉苹果	200 克
圣女果	20 克
带子	80 克
红酒黑醋汁	20 克
黄油	50 克
白糖	20 克
盐	适量
白胡椒粉	适量
蒜末	适量

—— 做 法 ——

1 将黄蕉苹果去皮去心，切 1 厘米厚的片。

2 取烤盘放黄油，放入黄蕉苹果片，表面撒白糖，以 180℃烘烤 20 分钟（期间要翻面）。

3 鹅肝、带子表面撒盐、白胡椒粉腌制 5 分钟，锅中放入黄油加热，放鹅肝、带子，煎至两面上色成熟即可。

4 锅中放入黄油烧热，放入蒜末炒香，放在带子表面，将苹果片、带子、鹅肝摆盘，用红酒黑醋汁、圣女果装饰。

Tips

1. 煎带子时间不可过长，不然水分会流失变干硬。
2. 煎鹅肝前可以沾少量面粉，表面会香脆很多。

巴洛克红酒炖牛腩

材料

材料	用量
牛腩	150 克
胡萝卜	50 克
西芹	30 克
洋葱	30 克
红酒	200 毫升
牛基汤	适量
丁香	1 粒
桂皮	3 克
迷迭香	2 克
鼠尾草	2 克
橄榄油	适量

做 法

1 牛腩切成 2 厘米见方的块；胡萝卜、洋葱切块；西芹切段。

2 牛腩用红酒、桂皮、迷迭香、丁香、鼠尾草腌制 30 分钟以上（可放入冰箱）。

3 锅烧热放油，先炒香洋葱块、胡萝卜块、西芹段，再倒入牛腩块炒至上色（有香味，牛腩块出水后）。

Tips

1. 煮牛腩时，水不要烧得太干。
2. 炖牛腩的时候，要经常搅动，以免粘锅。
3. 蔬菜和牛腩切得大小基本一致。

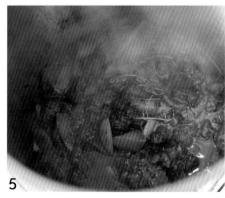

4 倒入适量红酒，炖 1 小时左右（期间可加入少量牛基汤，以免水量过少）。

5 最后取出桂皮、丁香，大火收汁，盛盘装饰。

白葡萄酒炖猪脸肉配玉米糊

● 炖猪脸肉

材料

猪脸肉	300 克
洋葱	80 克
胡萝卜	40 克
西芹	40 克
月桂叶	3~5 片
丁香	3 粒
白葡萄酒	750 毫升
气泡酒	200 毫升
低筋面粉	适量
橄榄油	适量
盐	适量

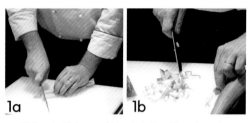

1 洋葱、胡萝卜、西芹切成小粒，放入容器中。

2 将猪脸肉切成 8 厘米见方的块，摆放在步骤 1 的蔬菜上。

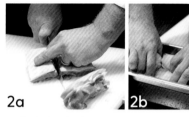

3 往容器中加入月桂叶、丁香、白葡萄酒，放入冰箱中腌制 12 小时以上。

4 取出，捞出猪脸肉，撒盐，拍上低筋面粉，放入加了橄榄油的煎锅中煎至两面上色。

5 将步骤 3 的腌汁过滤，去除月桂叶、丁香。挑出洋葱粒、胡萝卜粒、西芹粒，备用。

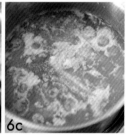

6 将洋葱粒、胡萝卜粒、西芹粒炒香，放入煎好的猪脸肉，倒入步骤 5 的腌汁（一半的量），加入气泡酒，大火烧沸后转小火熬制，中间捞除浮沫，炖大约 3 小时。

7 将猪脸肉捞出来，汤汁过滤，再次烧至浓缩状（如果稀，可以用黄油面酱来调节浓度）。再将浓缩汤汁放入料理机打碎。

● 玉米糊

材料

进口意大利玉米粉	100 克
水	400 毫升
盐	适量
橄榄油	10 克
帕玛森芝士粉	80 克
黄油	20 克

做法

8 在水中加入盐、橄榄油，加热煮沸；慢慢加入进口意大利玉米粉，期间不停搅拌，煮约 3 分钟，加入帕玛森芝士粉和黄油，搅拌均匀即可。

9 将玉米糊装在
　盘底，放一块
　煮好的猪脸肉，
　表面淋上步骤
　7 的汤汁，装饰
　即可。

9

冰镇豌豆汤配薄荷慕斯节瓜芝士寿司

● 节瓜芝士寿司
材料

蒜片	5 克
黄节瓜	250 克
青节瓜	250 克
橄榄油	20 克
帕玛森芝士	40 克
小洋葱片	20 克
盐	2 克
黑胡椒碎	1 克
百里香	适量
青节瓜片	适量

● 薄荷慕斯
材料

薄荷叶	10 克
淡奶油	100 克

● 冰镇豌豆汤
材料

豌豆	150 克
洋葱末	40 克
大葱末	10 克
鸡基汤	200 克
黄油	20 克
盐	2 克

做 法

1 锅烧热放入橄榄油，放入蒜片、小洋葱片与百里香，炒香。加入切成丁的黄节瓜和青节瓜，继续炒软，再放入帕玛森芝士炒至化开，加入盐和黑胡椒碎调味，装入盘中，制成寿司馅。

2 在保鲜膜上淋橄榄油。

3 将薄的青节瓜片一片压一片整齐摆放在保鲜膜上，表面撒少许盐，再将寿司馅放在节瓜片上。

4 用保鲜膜卷起来包紧成寿司，冷藏备用。

5 淡奶油中加入薄荷叶，加热至60~80℃后停火，过滤出薄荷叶，坐冰水中冷却淡奶油。

6 将冷却的淡奶油打发备用。

7 在水中加盐，烧沸，放入豌豆煮熟。

8 捞出豌豆，放冰水中冷却。

9 锅中加入黄油，炒香洋葱末及大葱末，放入豌豆翻炒，加入鸡基汤，小火熬制入味。

10 用料理机打碎过滤，坐冷水中冰镇。

做 法

11

将冷藏好的寿司切成段。

12

将寿司段放在盘中，旁边放上用勺子塑形成橄榄状的薄荷慕斯。

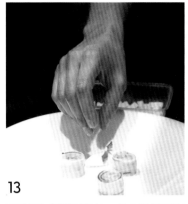

13

用豌豆和薄荷叶装饰，淋上冰镇豌豆汤即可。

脆煎鸡腿肉

材料

去骨鸡腿肉	180 克
培根	50 克
土豆	100 克
罐头白豆	50 克
洋葱	20 克
荷兰芹	3 克
黄油	40 克
盐	适量
黑胡椒碎	1 克
淡奶油	20 克
牛奶	20 克

Tips

先煎鸡腿带皮的一面，火要小，慢慢煎鸡皮才会脆。

1 将去骨鸡腿肉剞花刀。

2 将荷兰芹切末、洋葱切丝、培根切丝。

3 在去骨鸡腿肉上撒盐、黑胡椒碎、荷兰芹末，腌制 30 分钟。

4 将土豆洗净，煮熟，捞出。

5 土豆去皮切片。

6 锅内加少许黄油，把土豆片煎上色，出锅备用。

7 锅内加少许黄油，炒香洋葱丝、培根丝，再放入土豆片翻炒，撒盐调味备用。

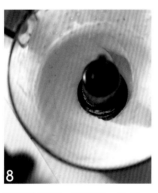

8 将罐头白豆、淡奶油、牛奶一起打成酱汁。

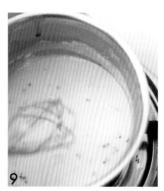

9 倒入锅中，加热，放入盐、荷兰芹末调味，保温备用。

10 锅内加入少许黄油，小火煎熟去骨鸡腿肉，装入盘中，旁边用酱汁和步骤 7 的食材装饰即可。

脆皮欧芹温泉蛋配蘑菇佐培根泡沫

● 炸鸡蛋

材料

鸡蛋	200 克
白醋	10 克
面包糠	50 克
意大利芹叶	10 克
低筋面粉	20 克
色拉油	200 克

● 蘑菇

材料

香菇	50 克
白蘑菇	50 克
平菇	50 克
洋葱碎	30 克
白葡萄酒	40 克
鸡基汤	200 克
淡奶油	50 克
盐	1 克
黑胡椒碎	1 克
黄油	适量

● 培根泡沫

材料

培根	50 克
牛奶	200 克
黄油	10 克

做 法

1 将鸡蛋放在冰水中浸泡 10 分钟，放入加有白醋的沸水中煮 5 分 30 秒。

2 将鸡蛋取出，放到冰水中快速降温，剥去蛋壳。

3 将面包糠和意大利芹叶放在料理机中，打碎成嫩绿色的绿面包糠，备用。

4 将鸡蛋表面沾低筋面粉、绿面包糠，放入盘中备用。

5 将色拉油烧至 170℃，放入鸡蛋，炸 30 秒出锅。

6 锅中加入黄油，化开，放入洋葱碎炒软，再放入切片的香菇、白蘑菇、平菇炒软，撒少许盐。

7 加入白葡萄酒收汁，加入鸡基汤，小火熬至菇类变软。

8 加入淡奶油，小火加热至浓稠，加入少许黑胡椒碎备用。

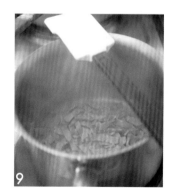

9 将切条的培根放入加了黄油的锅内，煎至上色。

10 加入牛奶，烧至 60~80℃，使培根味渗入牛奶中。

11 过滤后，用料理机将其打成泡沫，备用。

● 装盘

材料

甜菜苗　　　　　3克

12

将步骤8的食材放到盘中，中间放上炸鸡蛋。

13

将炸鸡蛋四周淋上培根泡沫，表面装饰上甜菜苗即可。

红酒炖牛脸颊配奶油南瓜泥

● 炖牛脸肉

材料

牛脸肉	250 克
洋葱	80 克
胡萝卜	80 克
西芹	70 克
月桂叶	2 片
丁香	3 颗
红酒	适量
黄油	30 克
低筋面粉	适量
盐	适量
香草	适量

做 法

1 将洋葱、胡萝卜、西芹切成小粒。

2 步骤 1 的蔬菜取一半放在容器底部，牛脸肉放在蔬菜上，再放上剩余蔬菜，放入月桂叶、丁香和红酒（酒一定要没过所有食材），用铝箔纸包住密封，冷藏腌制 12 小时以上。

3 将腌制的红酒汁过滤，去除香料。挑出蔬菜切碎备用。

4 在腌制好的牛脸肉表面撒盐、低筋面粉，放入带有黄油的锅中煎至两面上色，放在烤盘上，撒上少许盐。

Tips

1. 牛脸肉上撒低筋面粉的作用是：煎制时更容易上色，味道更浓郁，能够锁住肉中的水分，炖汤更加浓稠。
2. 冷藏腌制会使肉的颜色更加鲜亮。
3. 牛脸肉可以用牛臀肉代替。

5 将步骤 2 的蔬菜加黄油炒香，放入煎好的牛脸肉，倒入过滤的红酒汁，大火烧沸后转小火熬制（中间捞除浮沫）。

6 炖大约 3 小时，将牛脸肉捞出来，汤汁过滤，再将汤汁收汁（如果稀，用黄油面酱调节浓度）后放入料理机打碎。

● 南瓜土豆泥

原料

南瓜	300 克
土豆	300 克
白糖	少许
黄油	25 克

做 法

7

7 土豆加水煮熟，去皮，捣成泥备用；南瓜去子去心，表层撒上白糖，用铝箔纸包住，入烤箱以200℃烘烤2小时，取出搅拌均匀，即可成泥。

8

8 将黄油加入南瓜泥和土豆泥中，一起加热搅拌混合至浓稠即可。

● 装盘

做 法

9

9 将南瓜土豆泥放在盘中，中心处摆上煮好的牛脸肉。

10

10 再淋上浓缩的红酒汁。

11

11 点缀香草即可。

Tips

1. 南瓜泥较稀，加入土豆泥可以中和质地。
2. 南瓜品种不同，含水量也不同，烤制时间会不一样，要根据实际情况进行调整。

红酒烩牛五花

材料

牛五花	200 克
百里香	10 克
番茄块	50 克
蒜蓉	20 克
盐	适量
黑胡椒碎	适量
黄油	20 克
洋葱块	50 克
红酒	200 克
低筋面粉	20 克
牛基汤	500 克
圣女果	20 克
蟹味菇	20 克
西葫芦块	50 克

做 法

1 将牛五花用盐、黑胡椒碎、百里香腌制 15 分钟，滚上低筋面粉。

2 锅内加入黄油烧热，放入牛五花煎香。

3 放入洋葱块、蒜蓉、番茄块，小火炒香，加入红酒收干。

4 加入牛基汤、盐、黑胡椒碎，小火炖 2 小时。

5 过滤汤汁。锅中加黄油烧热，放入西葫芦块、蟹味菇、盐调味炒香。

6 收汁，取出牛五花装盘，旁边淋上过滤后的汤汁，摆上西葫芦、蟹味菇、圣女果即可。

坚果羊排

材料

材料	用量
羊排	100 克
生核桃仁	30 克
生松仁	20 克
京葱	150 克
蜂蜜	80 克
白糖	10 克
盐	适量
迷迭香碎	2 克
黑胡椒碎	1 克
低筋面粉	20 克
全蛋	60 克
水	80 克
黄油	30 克

做 法

1 将京葱切成 8 厘米长的段，放在烤盘上，撒盐、白糖、蜂蜜、水，放入烤箱中，以 160℃烘烤 30 分钟，取出保温备用。

2 将羊排去杂，表面撒盐、黑胡椒碎、迷迭香碎腌制 15 分钟。

3 将生核桃仁、生松仁切碎，混合全蛋（留少许），搅拌均匀。

4 将羊排去除肥油部位，其余部位滚上低筋面粉，再刷蛋液。

5 表面沾上生核桃仁碎与生松仁碎。

6 锅中加黄油，放入羊排小火煎上色，再放入烤箱中，以 160℃烘烤 10 分钟。盘中摆放京葱，再摆上羊排即可。

焗土豆奶油饼

● 烤土豆
材料

土豆	300 克
澄清黄油	50 克
盐	3 克
黑胡椒碎	1 克
淡奶油	200 克
蒜	5 克
百里香	1 克

● 沙拉
材料

迷你小萝卜	20 克
手指胡萝卜	30 克
欧芹	1 克
莳萝	0.5 克
罗马生菜	5 克
龙蒿	1 克

Tips

最好使用老的且含水量低的土豆。

做 法

1 锅里加入淡奶油、百里香、蒜和澄清黄油，加热浓缩至原来 1/3 的量，再加一段百里香和蒜。

2 将土豆切成常规薄片。

3 在烤盘底部铺一层土豆片，撒一些盐和黑胡椒碎。

4 重复堆叠，直到达到烤盘的中上部（总高约 5 厘米左右），每层之间撒上盐和黑胡椒碎。

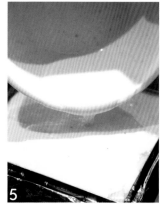

5 最上层倒入步骤 1 的汤汁。

6 入烤箱，以 160℃ 烘烤 1 小时，取出冷却。

将烤好的土豆饼切成块，将手指胡萝卜和迷你小萝卜切片。土豆饼表面装饰上罗马生菜、龙蒿、欧芹、莳萝、手指胡萝卜片和迷你小萝卜片。

7

烤菲力牛排配蜂蜜芥末酱

● 腌制菲力
材料

中段牛里脊	250 克
迷迭香	8 克
百里香	20 克
蒙特利调料	10 克
黑胡椒粗碎	2 克
盐	适量
橄榄油	30 克
蒜末 2 瓣	（20 克）
洋葱	70 克
西芹	60 克
胡萝卜	80 克

● 芥末酱
材料

大藏芥末	25 克
芥末子	25 克
蜂蜜	10 克
柠檬汁	5 克
橄榄油	10 克

Tips

1. 如果制作分量大，可以整条菲力一起做，这种情况下，烤制牛肉大约需要45 分钟。
2. 芥末酱使用大藏芥末或第戎芥末皆可。

做 法

1a

1b

2

1 将迷迭香、百里香切碎，和蒙特利调料、黑胡椒粗碎放在一起，倒入橄榄油，搅拌均匀。

2 将步骤 1 的香料和蒜末涂抹在里脊上揉搓，放在烤盘上，包好保鲜膜，放入冰箱冷藏 2 小时以上。

3a

3b

4

3 将里脊稍微煎上色。将洋葱、胡萝卜切成块；西芹切段，都放在烤盘上，备用。

4 将牛里脊放在洋葱、胡萝卜、西芹上，撒上少许盐，入烤箱以 200℃烘烤 5 分钟使牛里脊达到三至五成熟即可，取出静置冷却，会渗出少许血水。

5

6a

6b

5 将制作芥末酱的所有原料混合拌匀，放入锅中加热。

6 装盘：将牛里脊切成薄片，放入盘中，淋上芥末酱装饰即可。

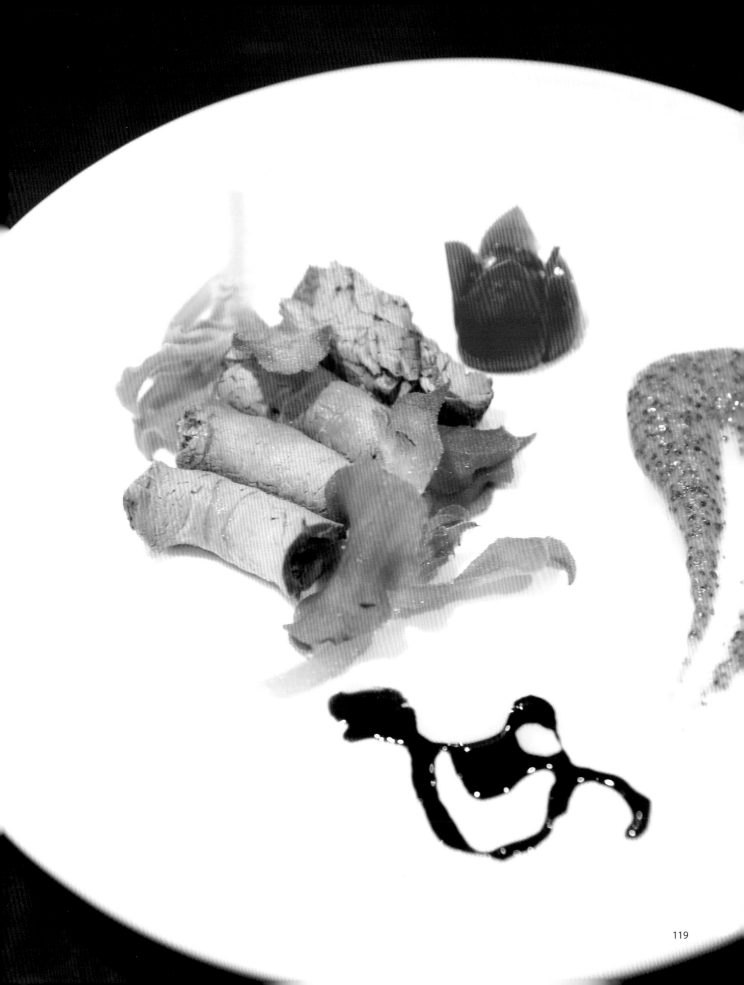

烤菲力牛排配迷迭香土豆

材料

菲力牛排	150 克
盐	适量
黑胡椒碎	适量
土豆	150 克
迷迭香碎	10 克
浓缩黑醋汁	少许
橄榄油	适量
黄油	30 克

—— 做 法 ——

1 将土豆煮熟，切成厚片。锅中放入黄油、盐、黑胡椒碎、迷迭香碎，黄油完全熔化后，将土豆片放入煎制，表面可刷适量橄榄油，煎至两面呈金黄色。

2 在菲力牛排表面撒上盐、黑胡椒碎、迷迭香碎，腌制 5 分钟左右，用扒炉扒至三成熟。

3 土豆片装盘，用浓缩黑醋汁点缀，放上菲力牛排即可。

烤五花肉土豆苹果酱

● 烤五花肉

材料

五花肉	300 克
盐	适量
橄榄油	20 克
干百里香	10 克
黑胡椒碎	4 克
干小茴香	10 克
香草	适量

Tips

煎猪皮时要小心油溅出，猪皮颜色煎至金黄色。

● 土豆苹果泥

材料

青苹果	200 克
洋葱	50 克
蒜	2 瓣
苹果汁	100 克
柠檬	半个
土豆泥	800 克
黄油	60 克

1 在五花肉六面均匀撒一层盐，用保鲜膜包住，放入冰箱冷藏腌制 4 小时以上。

2 腌出水分后，将盐洗掉，用厨房用纸擦干五花肉表面的水；烤盘上铺油纸（防止肉粘底），将五花肉放在烤盘上，带皮的一面朝上，撒上干百里香、干小茴香、黑胡椒碎，淋上橄榄油，用油纸盖住，再用铝箔纸包住，放入冰箱冷藏 12 小时以上。

3 取出烤盘，将腌好的五花肉放入另一个带油纸的烤盘内，再用铝箔纸密封好，用上下火 200℃的烤箱烤 2 小时，烤完取出，快速晾凉。

4 取出，切适中大小，将带皮的一面朝下放入煎锅中，煎至变色。

5 将洋葱、蒜切碎；青苹果去皮去核，切大块。

6 将洋葱碎、蒜碎炒香，加入青苹果块炒香、炒烂。

7 加入苹果汁小火煮至浓稠，加入半个柠檬的汁，用料理机打碎，做成苹果泥，备用。

8 将土豆泥和苹果泥混合炒一会儿，离火加入黄油，搅拌均匀，即成为土豆苹果泥。

● 苹果酱（佐餐酱汁）

材料

青苹果块	200 克
洋葱	30 克
蒜	1 瓣
青苹果气泡酒	200 毫升
淡奶油	200 毫升
棕色牛基汤	50 克
盐	适量

● 装盘

9 将洋葱、蒜切末，炒香，加入青苹果块炒软，加入青苹果气泡酒，小火煮 20 分钟，加入淡奶油，煮沸。

10 用料理机打碎后过滤剩汁，加入棕色牛基汤，用盐调味即可。

11 将苹果酱舀入盘中。

12 摆入适量土豆苹果泥。

13 放上烤好的五花肉。

14 在表面装饰香草即可。

烤整红鲷鱼

材料

红鲷鱼	4 条
	（每条 250 克）
盐	12 克
黑胡椒碎	8 克
柠檬皮屑	8 克
干百里香	8 克
西芹	240 克
红洋葱	240 克
胡萝卜	200 克
红尖椒	40 克
土豆	400 克
青豆	120 克
橄榄油	适量

做 法

1 将红鲷鱼去鳞去鳃去内脏，洗净，用盐、黑胡椒碎、柠檬皮屑、干百里香、橄榄油腌制。

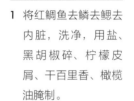

2 将西芹切段。红洋葱、胡萝卜、红尖椒、土豆洗净后切小块，加入青豆、西芹段混合，淋上橄榄油，撒上盐、黑胡椒碎、干百里香搅拌均匀。

3 将红鲷鱼放在步骤 2 的蔬菜上，以 200℃烤 20 分钟。

4 取蔬菜在盘中垫底，鲷鱼放在上面，装饰即可。

罗马鸡肉

材料

材料	用量
鸡胸肉	600 克
红椒条	20 克
黄椒条	20 克
绿椒条	20 克
去皮番茄块	300 克
蒜	1 瓣
黑橄榄	5 颗
罗勒叶	适量
香叶	适量
白葡萄酒	适量
橄榄油	适量
欧芹叶	适量
鼠尾草	适量
黄油	适量
黑胡椒碎	适量
盐	适量
蔬菜高汤	适量

做 法

1 平底锅加热，放入黄油、橄榄油，待黄油熔化后放入鸡胸肉，撒黑胡椒碎调味。

2 鸡胸肉煎至变白后放入蒜、鼠尾草、香叶，煎至表面上色后，喷入白葡萄酒，待酒味挥发后，再煎 1 分钟。

3 加入红椒条、黄椒条、绿椒条、去皮番茄块、黑橄榄、罗勒叶，转小火加入蔬菜高汤（也可加入水，加入高汤味道更加丰富），盖锅盖焖煮约 40 分钟。

4 出锅前加入盐调味，表面撒欧芹叶（切碎）装饰完成。

准备

1 鸡胸肉切大块。

2 红彩椒、黄彩椒、绿彩椒去子去心，切长约 8 厘米的条。

米兰风味芦笋

材料

芦笋	200 克
鸡蛋	3 个
帕玛森芝士碎	10 克
酸豆末	15 克
荷兰芹末	3 克
黄油	10 克
浸黄油	10 克
盐	5 克
黑胡椒碎	2 克

—— 做 法 ——

1 将芦笋去除表皮，放入盐水中煮熟（芦笋煮得软一些）。

2 烤盘内放上铝箔纸，铝箔纸表面抹上浸黄油，将煮好的芦笋放在铝箔纸上，表面撒上帕玛森芝士碎，再淋上浸黄油。

3 放入烤箱以 200℃烘烤 3 分钟，将芝士化开。

4 锅烧热，鸡蛋煎成荷包蛋（只煎单面），表面撒盐与黑胡椒碎，加水盖上锅盖，焖煮到表面凝结。

5 锅烧热，加入酸豆末、荷兰芹末，用黄油炒香做成酱汁。

6 将芦笋放在盘中，上面放上荷包蛋，再淋上酱汁。

Tips

浸黄油： 将黄油熔化，表层的浮油去除，底部剩余的物质即为浸黄油。

米兰牛五花

材料

牛五花	250 克
番茄酱	200 克
白豆	20 克
黑橄榄	20 克
青橄榄	20 克
青豆	20 克
荷兰芹	3 克
盐	适量
橄榄油	10 克
黑胡椒碎	适量
水	400 克

做 法

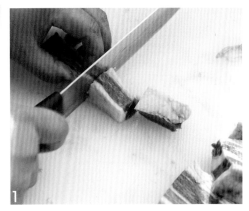

1 将牛五花切成 3 厘米见方的块，将荷兰芹切碎。

2 将牛五花块、荷兰芹碎、盐、黑胡椒碎混合腌制 15 分钟。

3 锅中加入橄榄油，将牛五花煎至金黄。

4 另起锅，放入牛肉。

5 加入番茄酱、水，用小火熬煮 1 小时。

6 加入黑橄榄、青橄榄、白豆、青豆，煮熟装盘即可。

米兰烧牛仔腿

材料

牛仔腿	1000 克
什香草（综合香料）	
	1 克
黄油	50 克
黑胡椒碎	20 克
洋葱碎	20 克
干葱碎	20 克
蒜蓉	10 克
白兰地	5 克
牛基汤	100 克
色拉油	适量

腌料

黑胡椒碎	20 克
淀粉	200 克
盐	2 克
糖	50 克
百里香	2 克

─── **做 法** ───

 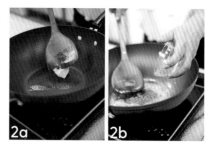

1 混合腌料腌制牛仔腿，在肉厚的部位划数刀，入冰箱冷藏 2 小时。

2 锅中放入黄油，加热熔化，加入什香草，慢火熬香，做成香草黄油，盛起备用。

3 锅中放入黄油，爆香洋葱碎、干葱碎、蒜蓉，倒入黑胡椒碎、白兰地、牛基汤，做成黑椒汁，加盐调味备用。

4 锅中加入色拉油烧至 220℃，放入牛仔腿，炸至表皮变色；换 120℃ 的油，采用油浸的方式将牛仔腿浸熟。

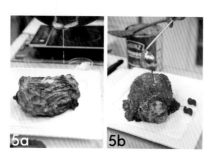

5 将牛仔腿装盘，先淋香草黄油，再浇黑椒汁。

奶油焗鳕鱼泥

材料

西芹	80 克
胡萝卜	80 克
牛奶	1 升
莳萝	5 克
鼠尾草	2 克
欧芹	5 克
百里香	5 克
洋葱	80 克
月桂叶	2 片
盐	适量
银鳕鱼	200 克
土豆泥	250 克
柠檬皮屑	少许
淡奶油	30 克
面包片	2 片
橄榄油	适量

—— 做 法 ——

1 将牛奶倒入锅中。西芹切段，胡萝卜、洋葱切块，也放入锅中。

2 加入莳萝、鼠尾草、欧芹、百里香、月桂叶、盐煮沸。

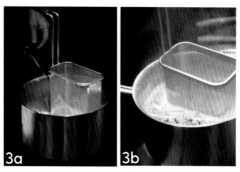

3 将银鳕鱼切成片，放在漏网中，将漏网放在步骤 2 的锅中，煮 15~20 分钟，捞出放凉。

4 将银鳕鱼片放入料理机中，加入土豆泥、柠檬皮屑、欧芹叶、橄榄油，打成泥，加入适量淡奶油，搅打成泥。

5 将面包片烤上色，配上银鳕鱼泥，淋上橄榄油，装饰即可。

牛里脊鹅肝佐罗西尼松露酱汁

● 牛里脊肉和鹅肝

材料

牛里脊肉	80 克
鹅肝	50 克
盐	适量
黑胡椒碎	适量
橄榄油	适量

● 松露酱汁

材料

洋葱	1 头
黄油 30 克（分两次使用）	
红酒	20 毫升
马德拉白葡萄酒	20 毫升
波特酒	10 毫升
白兰地	10 毫升
小牛基汤	50 毫升
松露蓉	适量
盐	适量
黑胡椒碎	适量

● 土豆泥

材料

土豆	1 个
盐	适量
黄油	20 克
淡奶油	100 毫升
白胡椒碎	适量

1 将牛里脊肉、鹅肝切块备用。

2 在牛里脊肉块的表面撒上盐、黑胡椒碎，在两面刷上橄榄油。

3 将牛里脊肉块放在烤架上，不停翻面，烤熟。

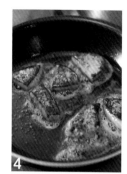

4 锅烧热，将鹅肝块放入锅中（不需倒油，鹅肝中油脂很多），煎至两面焦黄，表面撒上盐和黑胡椒碎。

5 锅烧热，放入黄油熔化，加入切丝的洋葱炒香，加入红酒、马德拉白葡萄酒、波特酒、白兰地煮，煮至酒精蒸发、表面有光泽感，加入小牛基汤煮沸，煮完过滤。

6 将过滤好的酱汁继续煮沸后，加松露蓉、黄油、盐、黑胡椒碎，充分混合。

7 将土豆放入水中，撒上盐，煮沸，煮软后捞出土豆，去除表皮（不需过冷水）。

8 将土豆碾碎放在网筛表面，用木铲碾压过筛成土豆泥，放入锅内加热，加黄油、淡奶油搅拌，并加入盐、白胡椒碎调味即可。

● 装饰蔬菜
材料

迷你胡萝卜	2 根
迷你玉米	2 根
扁豆	8 根
油菜	8 片
迷你圆白菜	2 个

将所有装饰蔬菜放入沸水中煮熟。

● 装盘

将牛里脊肉块、土豆泥与鹅肝摆放在盘内，再将装饰蔬菜摆放在一边。用勺子在牛里脊肉、鹅肝表面淋上一层松露酱汁，再在盘边点缀一点松露酱汁即可。

三文鱼时蔬串配青葱酱

材料

三文鱼	400 克
葱白	300 克
土豆	300 克
小洋葱	适量
圣女果	适量
荷兰芹末	适量
百里香	适量
蔬菜高汤	适量
白葡萄酒	适量
橄榄油	适量
盐	适量
黑胡椒碎	适量

准备

1. 用镊子夹掉三文鱼的鱼刺，并去除鱼皮。将三文鱼切成 3 厘米见方的块。

2. 将葱白切成葱花。小洋葱去皮。土豆去皮，切碎。

1. 三文鱼中放入橄榄油、百里香、盐、黑胡椒碎调味，用竹扦按圣女果、三文鱼、小洋葱、三文鱼、圣女果的顺序穿好（顺序也可根据自己的喜好改变）。

2. 平底锅加热，倒入少量橄榄油，放入串，待三文鱼四面煎至金黄后加入白葡萄酒，煎至酒味挥发。

3. 平底锅中倒入橄榄油加热，加入葱花，加入盐、黑胡椒碎调味，炒出香味后加入白葡萄酒，待酒味挥发后加入土豆碎、蔬菜高汤（汤汁没过土豆），中火焖煮至土豆熟透。

4. 将步骤 3 的食材倒入料理机中搅打至质地顺滑，将其装入碗中，表面撒荷兰芹末，淋少许橄榄油即成青葱酱，食用三文鱼时蔬串时可搭配食用。

烧鹌鹑酿鹅肝配松露酱汁

准备

将鹌鹑用铝箔纸包好，放入烤箱以200℃烤15分钟，取出，将鹌鹑剔骨（注意，不要弄破外皮）。

做 法

● 黄油米饭

材料

米（洗净）	50 克
黄油	适量
洋葱条	1 大勺
鸡高汤	100 毫升

● 鹅肝与鹌鹑

材料

鹅肝	40 克
盐	适量
黑胡椒碎	适量
鹌鹑（整只）	2 只
松露	4 片
黄油	适量

● 松露酱汁

材料

黄油 适量（分两次使用）	
洋葱	1 头
红酒	20 毫升
马德拉白葡萄酒	20 毫升
波特酒	10 毫升
白兰地	10 毫升
小牛基汤	50 毫升
松露蓉	适量
盐	适量
黑胡椒碎	适量

● 装饰

材料

杏鲍菇	2 个
黄油	10 克

● 黄油米饭

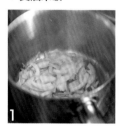

1 锅烧热，加入黄油熔化，加入洋葱条炒香。加米充分翻炒均匀，加鸡高汤煮沸，盖上锅盖将米焖熟，做成米饭。

● 鹅肝与鹌鹑

2 在鹅肝表面撒盐和黑胡椒碎，放入锅内煎至表面焦黄。

3 将鹌鹑内填上米饭、鹅肝、松露（先填米饭后填鹅肝、松露，米饭尽量填饱满），塞完后将鹌鹑绑好。

4 锅烧热，放黄油加热至油沫消失，放入鹌鹑，胸脯面先煎，再将其他面煎熟。

● 松露酱汁

5 锅烧热，放入黄油熔化，加入切丝的洋葱炒香，加入红酒、马德拉白葡萄酒、波特酒、白兰地煮，煮至酒精蒸发、表面有光泽感，加入小牛基汤煮沸，煮完过滤。

6 将过滤好的酱汁继续煮沸后，加松露蓉、黄油，最后加盐、黑胡椒碎充分混合。

● 装饰

7 将杏鲍菇对半切开。锅烧热，放入黄油熔化，加入杏鲍菇煎熟。

● 装盘

8 舀两勺松露酱汁放在盘内中间处，再将煎制好的鹌鹑放在松露酱汁边缘，旁边摆上煎好的杏鲍菇作为装饰，最后淋上适量松露酱汁即可。

松露鸡腿卷

材料

去骨鸡腿	150 克
蘑菇	50 克
松露	50 克
蒜片	20 克
洋葱末	10 克
毛豆	20 克
鸡基汤	70 克
马苏里拉芝士	20 克
盐	适量
百里香	1 克
黄油	20 克
橄榄油	10 克
淡奶油	10 克

做 法

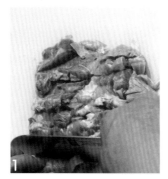

1 将去骨鸡腿剞花刀，撒盐腌制15 分钟。

2 将蘑菇、松露切片。起锅放入橄榄油，加入洋葱末、蘑菇片与松露片炒香调味。

3 将去骨鸡腿摊开，放入 1/2 的蘑菇片、松露片，撒马苏里拉芝士，再将其卷起来。

4 用细绳捆扎，撒百里香。

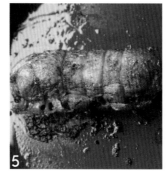

5 锅中放黄油，小火熔化，放入鸡腿卷，小火慢煎上色，再入烤箱，以 180℃烘烤 8 分钟。

6 解开绳，用刀将鸡腿卷切成圆片。摆入盘中。

7 用橄榄油炒熟蒜片和毛豆，加盐调味，摆入盘中。

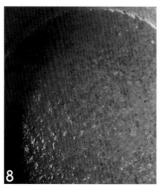

8 将剩余的 1/2 蘑菇片、松露片混合鸡基汤、淡奶油煮沸，再用搅拌机将其打成酱汁，淋在盘中装饰菜肴。

碳烤三文鱼

● 沙沙律红酱

材料

洋葱	100 克
黄圆椒	200 克
红圆椒	200 克
蒜	2 瓣
红尖椒	1 个（10 克）
去皮番茄碎	200 克
浓缩番茄膏	25 克
盐	适量
糖	适量
白醋	15 克
黄油	100 克
橄榄油	适量
水	200 克

做 法

1 将前 5 种材料洗净，切成小粒。

2 锅中倒入橄榄油，将洋葱粒、红尖椒粒、蒜粒炒香炒软，放入黄圆椒粒、红圆椒粒，炒香炒软。

3 加入去皮番茄碎、浓缩番茄膏、水，熬制 1.5 小时左右。

4 煮至浓稠，加盐、糖、白醋调味，离火加入黄油混合均匀即可。

Tips

1. 离火后再加入黄油，用余温使黄油自行熔化。
2. 番茄膏可以根据个人口味适量调整，主要用来提高色泽。

● 沙沙律青酱
材料

意大利芹叶	100 克
莳萝叶	30 克
薄荷叶	10 克
龙蒿草	10 克
香菜	20 克
蒜片	2 瓣
红尖椒	1 个
盐	适量
橄榄油	适量
黑胡椒碎	适量
白醋	适量

—— 做 法 ——

5 将前 5 种材料去除根部，留叶子备用。

6 将蒜片去心，红尖椒去子备用。

7 将前 7 种材料放在盆中。

8 放入盐、黑胡椒碎、白醋、橄榄油拌匀。

9 拌匀后倒入料理机打碎成酱汁。

10 将做好的酱汁用保鲜膜包好储存备用。

Tips

保鲜膜贴面覆盖可以防止酱料被过度氧化。

145

● 煎三文鱼

材料

新鲜三文鱼	180 克
盐	2 克
黑胡椒碎	2 克
百里香	3 克
橄榄油	5 克
柠檬皮屑	适量
青豆	60 克
沙沙律青酱	20 克
沙沙律红酱	20 克
香葱	10 克
柠檬片	适量

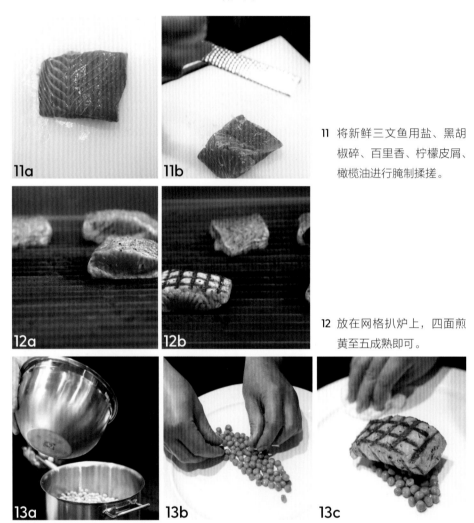

11 将新鲜三文鱼用盐、黑胡椒碎、百里香、柠檬皮屑、橄榄油进行腌制揉搓。

12 放在网格扒炉上，四面煎黄至五成熟即可。

13 将青豆煮熟，加入盐和橄榄油拌匀，放在盘中，放上煎好的三文鱼，淋上沙沙律红酱和沙沙律青酱。

14 用柠檬片和香葱装饰即可。

烤龙虾配鱼贝类红酒酱汁

● 蔬菜

材料

杏鲍菇	2 个
茄子	1 根
芦笋	4 根
南瓜	4 片
迷你玉米	2 根
橄榄油	适量
盐	适量
黑胡椒碎	适量
罗勒叶	适量
百里香	适量
莳萝	适量

● 龙虾

材料

螯龙虾	4 只
盐	5 克
黑胡椒碎	3 克
橄榄油	20 克

● 鱼贝类红酒酱汁

材料

螯龙虾头	1 只
橄榄油	适量
洋葱丝	10 克
胡萝卜	20 克
番茄	20 克
番茄膏	20 克
白兰地	40 毫升
雪利醋	60 毫升
红酒	100 毫升
小牛基汤	100 毫升
黄油	33 克
黑胡椒碎	适量

做 法

● 蔬菜

1 将杏鲍菇切成条，茄子切成斜片，芦笋切成两段。

2 将南瓜切片去心，成半环形。

3 将前5种材料表面刷上橄榄油，撒上黑胡椒碎、盐，有调料的面朝下，放在烤架烤熟。

● 龙虾

4 将罗勒叶、百里香、莳萝倒入放有橄榄油的锅内炸一下，捞出放烤盘内，备用。

5 将螯龙虾对半切开，去腮去内脏。

6 在龙虾表面撒上盐、黑胡椒碎，淋橄榄油，煎烤时先烤壳那面，烤至虾壳变红（如没有烤架可用煎锅煎），翻面再烤。

● 鱼贝类红酒酱汁

  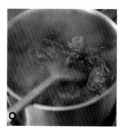

● 装盘

7 将螯龙虾头剪成小块，锅烧热，倒入少量橄榄油，放洋葱丝炒香，将螯龙虾头块放入煸炒。

8 炒到一定程度加入切好的胡萝卜、番茄及番茄膏，再加入白兰地、雪利醋、红酒煮一会儿，让酒精蒸发。

9 倒入沸腾的小牛基汤，煮好后过滤，加黄油（如果需要更浓稠，可以延长加热时间），加黑胡椒碎调味。

10 将烤好的龙虾放在盘内，边缘摆上烤好的前5种材料及油炸的罗勒叶、百里香、莳萝，最后淋上鱼贝类红酒酱汁即可。

金枪鱼汁配牛臀肉

烤制牛臀肉
材料

中段牛臀肉	250 克
迷迭香	8 克
百里香	20 克
蒙特利调料	10 克
黑胡椒粗碎	2 克
盐	适量
橄榄油	30 克
蒜末	2 瓣（20 克）
洋葱	70 克
西芹	60 克
胡萝卜	80 克

金枪鱼汁
材料

蛋黄酱	100 克
罐头凤尾鱼	10 克
水瓜柳	15 克
罐头金枪鱼	35 克
蔬菜高汤	少许

装饰
材料

混合蔬菜丁	适量
圣女果	适量
水瓜柳	适量

做　法

1 将迷迭香、百里香切碎，和蒙特利调料、黑胡椒粗碎、蒜末放在一起，倒入橄榄油，搅拌均匀。

2 将步骤1的调料放在牛臀肉上，揉搓片刻，放在烤盘上，包好保鲜膜，冷藏2小时以上。

3 将洋葱、西芹、胡萝卜切成块，放在烤盘上，上面放腌制好的牛臀肉，撒上少许盐，入烤箱以200℃烤至七成熟，静置冷却出少许血水。

4 将水瓜柳擦干，切成末，和蛋黄酱、罐头凤尾鱼、罐头金枪鱼、蔬菜高汤混合。

5 用料理机打碎拌匀，即成金枪鱼汁。

6 将牛臀肉切成薄片。

7 淋上金枪鱼汁。

8 再撒上水瓜柳，用混合蔬菜丁、圣女果点缀。

托斯卡纳炖鸡肉

材料

鸡腿	200 克
胡萝卜	30 克
洋葱	30 克
蘑菇（切块）	30 克
西芹	20 克
番茄	300 克
淡奶油	50 克
橄榄油	适量
盐	适量
水	适量
黑胡椒碎	适量
黄油	适量
香草	适量

做 法

1 将洋葱、胡萝卜、西芹切成片；番茄切成块。

2 将鸡腿去骨后切块。

3 在鸡腿块中放入盐、黑胡椒碎、橄榄油，腌制 15 分钟左右。

4 锅烧热，加入黄油，炒香洋葱片、胡萝卜片、蘑菇块和西芹片。

5 把鸡腿块煎成金黄色（期间可稍微加入一些水）。

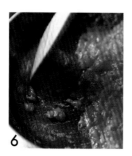

6 起锅，倒入番茄块炒出酸味。

7 加入鸡腿块，继续煮 20 分钟；再倒入炒好的洋葱片、胡萝卜片、西芹片、蘑菇块，煮 10 分钟左右，离火后加入淡奶油，搅拌均匀。

8 装盘，表面可撒些香草装饰。

盐壳鲷鱼

材料

鲷鱼	250 克
海盐	500 克
蛋清	2 个
柠檬皮屑	少许
蒜	25 克
土豆	250 克
橄榄油	20 克
盐	2 克
新鲜迷迭香	3 克
黑胡椒碎	2 克

---------------------------------- 做　法 ----------------------------------

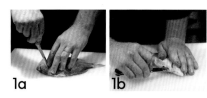 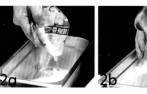

1 鲷鱼去鳞去鳃去内脏，洗净。

2 将海盐和蛋清拌在一起，一半放入烤盘中，一半备用。

 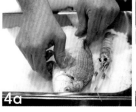

3 将柠檬皮屑和 1 瓣蒜、新鲜迷迭香塞进鲷鱼肚中。

4 将鲷鱼放在海盐上，再用剩余的海盐将鲷鱼覆盖严实。

5 将土豆切大块，放到另一个烤盘上，撒上盐、黑胡椒碎、新鲜迷迭香、切好的蒜末，淋上橄榄油，放入烤箱以 200℃烤熟。

6 将装有鲷鱼的烤盘放入烤箱，以 200℃烤 30 分钟，出炉，将烤好的盐焗鲷鱼轻轻破盐壳，取出鱼。

  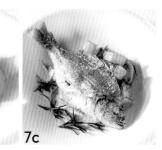

7 将烤好的土豆块放在盘中，鲷鱼（可以是整条鱼，也可以将鱼肉取出）放在土豆块上，淋上橄榄油，放上新鲜迷迭香装饰即可。

意大利风味可丽饼

● 可丽饼皮

材料

面粉	25 克
全蛋	70 克
牛奶	130 克
肉豆蔻粉	2 克
盐	1 克
黑胡椒碎	1 克
黄油	5 克

● 内馅

材料

黄油	20 克
面粉	20 克
牛奶	120 克
马苏里拉芝士碎	
	60 克
固态瑞士芝士碎	
	60 克
固态德国芝士碎	
	60 克
帕玛森芝士碎	50 克
肉豆蔻粉	2 克
盐	1 克
黑胡椒碎	2 克
白葡萄酒	15 克
里脊火腿	20 克

● 组装

材料

浸黄油	适量
帕玛森芝士碎	适量

── 做 法 ──

● 可丽饼皮

1 在过筛的面粉中加入全蛋搅拌均匀，再加入牛奶继续搅拌均匀，然后加入肉豆蔻粉、盐、黑胡椒碎和黄油（熔化）拌匀（面糊最好冷藏 12 小时）。

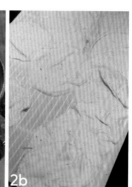

2 锅烧热，放入黄油熔化（另取），再用纸巾擦掉（防止粘锅），加入面糊，煎成面皮。

● 内馅

3 将黄油熔化，加入过筛面粉，小火炒香，再加入牛奶拌匀。

4 加入马苏里拉芝士碎、固态瑞士芝士碎、固态德国芝士碎、帕玛森芝士碎、肉豆蔻粉、盐、黑胡椒碎、白葡萄酒、里脊火腿（切末）小火拌匀，使芝士熔化。

● 组装

5 放入盘中晾凉（最好隔夜冷藏），再分割成 30~40 克一个，搓成圆球成内馅。

6 用做好的可丽饼皮包好内馅，放在涂有浸黄油的烤盘上；用小刀在表面划开口，再撒上帕玛森芝士碎，淋上浸黄油，放入烤箱以 200℃烤 8 分钟即可。

Tips

浸黄油：将黄油熔化，表层的浮油去除，底部剩余的物质为浸黄油。

意大利土豆玉棋配番茄奶油酱

● 土豆玉棋
材料

土豆	250 克
盐水	600 克
全蛋	40 克
低筋面粉	60 克
帕玛森芝士碎	60 克
白胡椒碎	2 克
泡打粉	2 克
肉豆蔻粉	2 克
盐	5 克
手粉	50 克
橄榄油	适量

● 奶油酱汁
材料

番茄酱	400 克
牛奶	80 克
淡奶油	60 克

● 土豆玉棋

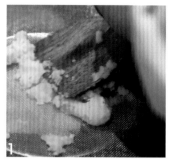

1 将土豆去皮切块，放入盐水中煮熟，捞出，使用网筛碾成土豆泥。

2 放入盆中加全蛋、低筋面粉、帕玛森芝士碎、白胡椒碎、泡打粉、肉豆蔻粉拌匀。

3 取出撒手粉将其搓成长条，再分切成大小相等的块，搓成圆形，借助叉子压出花纹。

4 放在盐水中煮熟即成土豆玉棋，捞出，淋橄榄油拌匀，防止粘在一起。

● 奶油酱汁

● 装盘

5 锅烧热，加入番茄酱、牛奶、淡奶油煮沸即成酱汁。

6 将土豆玉棋放入酱汁中，继续煮大约1分钟。关火，加芝士碎拌匀（另取）。

7 装入碗中，表面撒上芝士碎（另取）。

意式蜂蜜柠檬鸡

● 紫薯泥

材料

紫薯	500 克
黄油	100 克
牛奶	200 克
盐	适量

● 意式蜂蜜柠檬鸡

材料

柠檬	1 个
百里香	适量
鼠尾草	适量
蒜蓉	1 瓣
蜂蜜	适量
鸡胸肉	100 克
南瓜	50 克
橄榄油	适量
盐	适量
黑胡椒碎	适量

做 法

  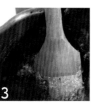 

1 锅中放入水煮沸，放入紫薯（去皮）煮熟，再用压泥器将其压成紫薯泥。

2 在平底锅中放入黄油，加入牛奶煮沸。

3 将步骤 2 的食材分次加入紫薯泥中，搅拌均匀，加盐调味，搅至质地细腻无颗粒。

4 装入带有锯齿花嘴的裱花袋中，备用。

5 将柠檬切半，挤出柠檬汁。百里香取叶子，与鼠尾草混合切碎，取一部分放入柠檬汁中，加入蒜蓉、蜂蜜，搅拌均匀。

6 拌匀后倒入锅中，加热约 1 分钟。

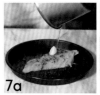    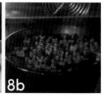

7 用叉子将鸡胸肉戳孔，淋适量橄榄油和步骤 6 的食材，用手揉搓约 3 分钟腌制（最好入冰箱冷藏静置 24 小时，使其更加入味）。

8 将南瓜切粒，加入盐、黑胡椒碎，放入剩余的百里香叶和鼠尾草碎混合物，淋适量橄榄油，放入烤箱中，以 185℃烘烤至南瓜中的水分完全蒸发。

9 平底锅中放入腌制好的鸡胸肉，煎至表面呈金黄色，再放入烤箱中以 180℃烘烤约 12 分钟。

10 在盘中摆放烤制好的南瓜粒，周围挤入适量紫薯泥，再摆放煮好的蔬菜装饰（另取）。

11 将鸡胸肉切片，摆放在南瓜粒上方，淋适量橄榄油。

意式南瓜团子

材料

南瓜	300 克
土豆片	100 克
肉桂粉	20 克
蛋黄	1 个
牛奶	20 克
鼠尾草	3 克
黑醋	20 克
面粉	20 克
帕玛森芝士粉	10 克
糖	适量
盐	适量

—— 做 法 ——

1 将南瓜洗净，切成 3 毫米厚的薄片，放在烤盘中，备用。

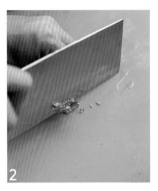

2 将鼠尾草切成末，放在南瓜中。

3 锅烧热，先放糖，再倒黑醋，用小火将混合物熬至一定的浓稠度即可。

4 将熬好的黑醋（留少许）、牛奶、肉桂粉、蛋黄、土豆片、帕玛森芝士粉、盐一起放入南瓜中拌匀。

5 将面粉过筛，撒在拌好的南瓜上，放入烤箱中，以 180℃烘烤 30 分钟。

6 把烤好的南瓜捏成圆球形，摆盘，最后在南瓜上浇熬好的黑醋，装饰上鼠尾草即可。

 Tips

烤南瓜时间不能太长，时间长了会导致南瓜太干没有黏性。

意式熏火腿配意得绿扁豆

材料

材料	
意式熏火腿（冷冻）	100 克
意得牌绿扁豆	50 克
洋葱	半头
橄榄油	适量
白葡萄酒	适量
香叶	3 片
欧芹叶	适量
蔬菜基汤	适量

做 法

1 中火加热平底锅，放入橄榄油，加入洋葱末，炒至出香味，加入意得牌绿扁豆、香叶，炒至绿扁豆微微变黄，加入白葡萄酒，待酒味挥发后加入蔬菜基汤，意式熏火腿解冻后的肉汁，煮至绿扁豆变软。

2 绿扁豆变软后，放入意式熏火腿片，加盖焖煮 10~15 分钟。

准备

1 将意式熏火腿切片，加热解冻，保留解冻后的肉汁。

2 意得绿扁豆泡冷水约 1 小时，泡好后沥干水。

3 洋葱切末。

3 将绿扁豆放入盘中铺平，摆放意式熏火腿片，点缀香叶、欧芹叶。

鹰嘴豆酱配茄丸

材料

长茄子	1 根
鹰嘴豆	240 克
洋葱	半头
新鲜马苏里拉芝士	1 块
山羊芝士碎	20 克
薄荷叶	5~8 片
黄油	10 克
鸡蛋	1 个
罐头金枪鱼	185 克
蒜	2 瓣
面包糠	适量
橄榄油	适量
盐	适量
黑胡椒碎	适量
干红辣椒丝	适量

准备

1 长茄子削皮，茄子心切成 1.5 厘米见方的块。

2 洋葱切末。

Tips

制作面团时加入面包糠能增加口感，并能吸收茄子中多余的水分。

做 法

1 平底锅中倒入橄榄油加热，放入洋葱末、蒜（拍扁）、鹰嘴豆，炒至鹰嘴豆颜色发黄后加入热水，取出蒜，煮至鹰嘴豆变软。

2 煮好后倒入料理机中打成泥，加入少许橄榄油、盐、黑胡椒碎调味，即成鹰嘴豆酱。

3 将长茄子心放入水锅中，放少许盐，煮至变软，煮好后过滤。

4 将薄荷叶（切末）、罐头金枪鱼、煮好的长茄子心混合，加入黄油、山羊芝士碎、适量面包糠搅拌均匀，加入黑胡椒碎调味。

5 将步骤 4 的食材分割成约 30 克一个，揉搓成圆球，表面先裹面包糠，再滚上鸡蛋液，再裹面包糠成茄丸。

6 锅中倒入适量橄榄油加热至 200℃，放入茄丸炸至表面焦黄，捞出，再放入长茄皮（切细长条），炸至硬脆即可捞出。

7 将鹰嘴豆酱铺于盘中，摆放炸制好的茄丸、新鲜马苏里拉芝士，用炸制好的长茄皮、干红辣椒丝装饰。

油封鸭腿配小扁豆

● 油封鸭腿

材料

鸭腿	1 只（250 克）
百里香	5 克
迷迭香	2 克
丁香	1 克
花生油	300 克

腌鸭腿香料

百里香	20 克
迷迭香	8 克
蒙特利调料	10 克
黑胡椒粗碎	2 克
盐	适量
橄榄油	30 克
蒜（切末）	1 瓣

● 小扁豆酱

材料

蒜（切末）	2 瓣
红尖椒（切末）	2 个
红小扁豆（熟）	200 克
番茄风味意大利面酱	40 克
甜辣鸡酱	25 克
香菜叶	10 克
意大利浓缩黑醋汁	15 克
盐	适量
橄榄油	适量

做 法

1 将腌鸭腿香料中的百里香、迷迭香切碎，和其他材料放在一起搅拌均匀，抹在鸭腿上，用铝箔纸包起来冷藏 12 小时以上。

2 在腌制的鸭腿中加入百里香、迷迭香和丁香，然后一起放入锅中。

3 锅中加入花生油（油要盖住鸭腿），放入鸭腿，大火烧热后转小火加热 3 小时。

4 将鸭腿捞出来，用少量步骤 3 的鸭油，将鸭腿两面煎香煎脆，然后放入烤盘中，以 200℃烤 15 分钟。

5 将蒜末、红尖椒末用橄榄油炒香，加入意大利浓缩黑醋汁混合加热。

6 加入除盐之外的剩余材料拌匀，用盐调味即成小扁豆酱。

● 装盘

材料

意大利泡菜　适量

7a　　　　7b　　　　7c

Tips

1. 这款料理要注意香料品类。
2. 这是一款低温油浸的菜品。

7　将小扁豆酱用圈模装好放在盘中，放上鸭腿，再放一些意
大利泡菜即可。

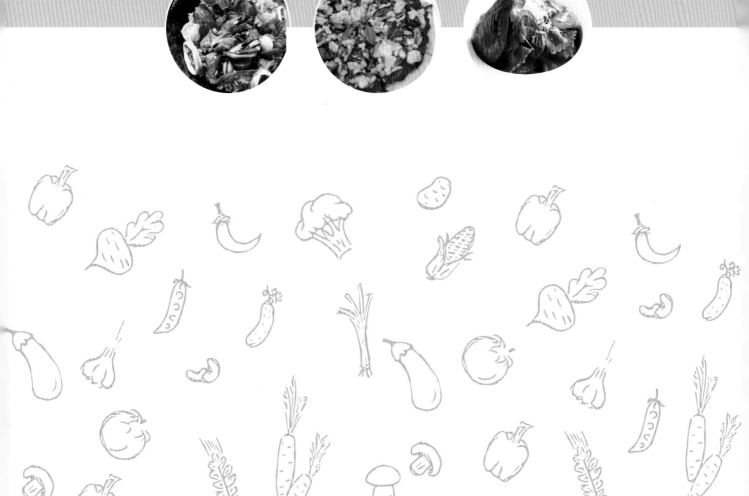

主　食

一、西餐主食的种类

在广义上西餐主食包括意大利面、面包、饺子、米饭、土豆等。

1. 意大利面

意大利面是意大利的文化象征之一。意大利面种类多达数百种，长短、粗细、弯直、实心空心各有不同，常见的有长形意大利面、短意面、极细意面、扁条型意面、疙瘩型意面等。

意大利面风味多种多样，可搭配各种酱汁、蔬菜、肉类和海鲜等。

各种形状的意大利面

2. 面包

西餐中的面包种类丰富，各有特色，常见的种类有佛卡夏、夏巴塔、法棍、乡村面包、比萨等。

其中，比萨作为特殊产品，可做主食同时也可作菜品、甜品等，口味多变，用餐方式轻松，方便分享，其极具开放性和包容性的制作特点深受各国人喜爱，由意大利传到各国后比萨开创了更多的可能性。

3. 饺子

西餐中的饺子主要以意大利饺子为代表，通常情况下，饺子面团与意大利面团一致，属于意大利面的一种延伸。意大利饺子的馅料多变，可甜可咸，肉类、蔬菜、芝士等都可作制馅材料，除做主食外，也可制作成汤、沙拉、前菜或主菜，甚至可以作为甜品。

各种饺子

4. 米饭

米饭是全世界的主食类别，西餐中可通过不同的调味和搭配展现出各具特色的饮食风格，如西班牙海鲜饭、意大利芝士焗饭等。同时，米饭也可制作成沙拉、汤、前菜、主菜、甜品等。

5. 土豆

在西餐中，土豆是一种较为常见的食材，因其富含淀粉常作为主食食用。土豆在西餐中的常见做法包括炸、烤、炖等，形态有泥状、片状、块状、椭圆状等。

各种土豆菜品

意大利面面团

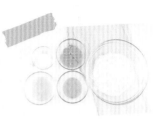

材料

蛋黄	80 克
蛋清	70 克
面粉	250 克
橄榄油	30 克
盐	适量

— 做　法 —

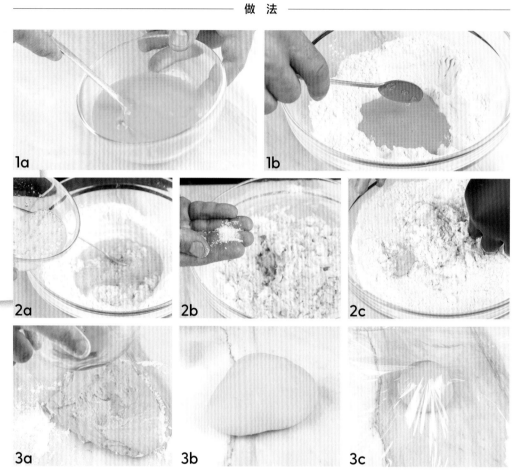

1 将蛋黄打散，加入面粉中，搅拌均匀。

2 加入蛋清搅拌均匀，加入盐，抓拌均匀成团。

3 将面团放置在操作台，分次加入橄榄油，将面团反复叠压至表面光滑，即成意大利面面团，将其用保鲜膜密封放入冰箱醒发 90 分钟。

Tips

意大利面压制的粗细依据个人喜好。

● 意大利面成型

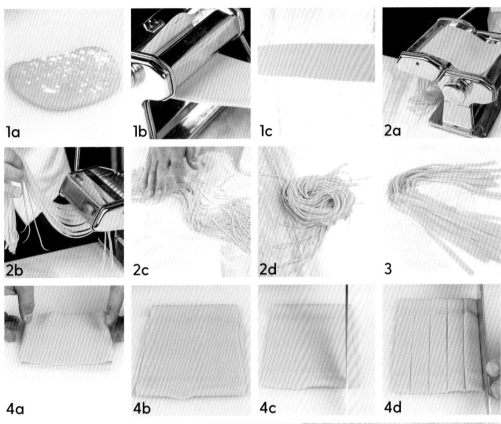

1 面团表面撒少量面粉，放入压面机中，将压面机刻数从 0 档逐渐增加，将面团压至需要的厚度，形成长片。

2 用压面机压出细长条状意大利面，在其表面均匀包裹面粉，防止粘黏。

3 再用压面机制作出稍宽的面条，同样操作防粘。

4 手切面条：将擀压好的面皮折叠，用刀将边缘切平整，切出宽度相同的面条即可。

博洛尼亚肉酱宽面

材料

西芹	40 克
胡萝卜	100 克
洋葱	100 克
去皮番茄	800 克
牛肉碎	350 克
红酒	130 克
意大利面（宽）	150 克
橄榄油	30 克
黑胡椒碎	2 克
黄油	20 克
罗勒叶	3 片
盐	适量

准备

1 将面团压成 0.5 毫米厚的面皮，切割成 30 厘米长，0.5 厘米宽的面条。

2 分别将西芹、胡萝卜、洋葱切成小块，放入料理机中，加入适量水，搅拌成蔬菜泥，倒入玻璃碗中备用。

3 去皮番茄倒入料理机中，搅打成番茄酱。

做 法

1 锅烧热，加入少许橄榄油烧热，倒入蔬菜泥和少许盐，用木铲翻炒至汤汁浓稠，加入牛肉碎和少许盐，翻炒出香味。

2 加入红酒，翻炒至汤汁浓稠。

3 加入番茄酱和适量热水，开小火，煮 20 分钟左右，至汤汁浓稠，即成牛肉酱。

4 将意大利面倒入沸水中，煮 3 分钟左右，捞出。

5 将平底锅预热，倒入牛肉酱和煮好的意大利面，加入少许热水翻拌均匀，加入少许黄油、盐，翻炒均匀，离火。

6 盘底放入少许牛肉酱，将意大利面卷成团，放在盘中，将剩余的牛肉酱摆放在意大利面上。

7 在牛肉酱表面淋少许橄榄油，摆放几片罗勒叶装饰，撒少许黑胡椒碎即可。

番茄罗勒意面

材料

材料	用量
意大利面（细）	80 克
圣女果	200 克
蒜	1 瓣
黑胡椒碎	1 克
橄榄油	20 克
盐	3 克
罗勒叶	1 根

1　将蒜去皮，切成薄片。

2　将圣女果去蒂，从中间一切为二，取一半放入破壁机中，加入少许橄榄油搅打成番茄汁，倒入玻璃碗中，备用。

3　将平底锅预热，加入少许橄榄油和蒜片，翻炒一下；加入剩余一半圣女果和少许热水，翻炒两分钟。

4　加入番茄汁、1 勺热水和少许盐，煮至番茄汁颜色变深，约 5 分钟左右。

5　同时将意大利面倒入沸水中煮 10~12 分钟，再捞入步骤4 的食材中，加入少许盐和橄榄油，翻拌均匀。

6　将意大利面卷起，装入盘中，撒少许黑胡椒碎，摆放少许罗勒叶装饰即可。

黑椒牛肉意面

材料

牛肉	50 克
意大利螺旋面	70 克
黑椒汁	60 克
蒜	10 克
橄榄油	20 克
盐	2 克
黑胡椒碎	3 克
黄圆椒	15 克
红圆椒	15 克
洋葱丝	20 克
圣女果（红）	10 克
罗勒	1 克

做 法

1　牛肉切片，用盐、黑胡椒碎腌制 5 分钟。

2　黄圆椒、红圆椒切丝，蒜切末。

3　锅加水烧沸，加少许盐，放入意大利螺旋面煮 8 分钟，捞出拌橄榄油备用。

4　锅加油煎熟牛肉。

5　锅加油炒香蒜末、黄圆椒丝、红圆椒丝、洋葱丝，加入黑椒汁。

6　加入意大利螺旋面、牛肉收汁，点缀圣女果、罗勒即可。

奶酪通心粉

材料

淡奶油	200 克
帕玛森芝士碎	50 克
山羊芝士碎	50 克
意大利通心粉	100 克
蓝波芝士碎	30 克
马苏里拉芝士碎	80 克
盐	适量
黑胡椒碎	适量
红皮萝卜皮屑	适量
欧芹叶	适量

做 法

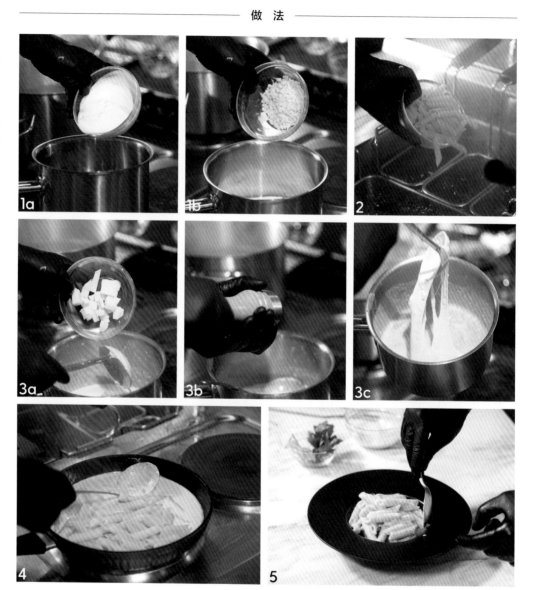

1 将淡奶油倒入锅中，加入帕玛森芝士碎、山羊芝士碎、加入水（水可加可不加，根据个人需要的浓稠度而定），小火煮至芝士碎熔化。

2 将意大利通心粉放入沸水中，煮约 11 分钟。

3 在步骤 1 的食材中加入蓝波芝士碎、马苏里拉芝士碎，加入盐、黑胡椒碎调味，煮至马苏里拉芝士碎呈拉丝状。

4 将步骤 3 的食材放入平底锅中，加入煮好的意大利通心粉，煮至酱汁质地浓稠。

5 装入盘中，表面撒红皮萝卜皮屑、山羊芝士碎、欧芹叶。

奶油番茄金枪鱼海鲜面

● 奶油番茄汁
材料

去皮番茄	150 克
蜂蜜	15 克
白洋葱	40 克
番茄膏	30 克
淡奶油	50 克
糖	20 克
盐	适量

● 海鲜面
材料

蝴蝶面	80 克
对虾	40 克
扇贝	50 克
油浸番茄	30 克
油浸金枪鱼	30 克
白葡萄酒	20 克
蒜蓉	10 克
白洋葱碎	20 克
帕玛森芝士碎	10 克
黑橄榄	8 克
罗勒叶	3 克
橄榄油	15 克
盐	适量
白胡椒碎	2 克

1 将白洋葱切碎，放入锅中炒香后，放入番茄膏继续炒至融合。

2 放入去皮番茄，加入少量水，继续炖煮烂软，再倒入粉碎机中打碎成番茄汁。

3 将番茄汁倒入锅中，放入蜂蜜、糖、盐和淡奶油，加热混合调味成奶油番茄汁。

4 制作海鲜面。锅中放入橄榄油，放入白洋葱碎和蒜蓉炒香，再放入扇贝和对虾炒熟。

5 喷入白葡萄酒，放入油浸番茄。

6 加入奶油番茄汁，加入蝴蝶面、盐、白胡椒碎快速翻炒。

7 出锅前，放入罗勒叶，加入黑橄榄，用帕玛森芝士碎和油浸金枪鱼装饰即可。

培根芝士意面

材料

意大利面	80 克
帕玛森芝士碎	40 克
蛋黄	3 个
培根	80 克
黑胡椒碎	1 克
盐	1 克

—— 做 法 ——

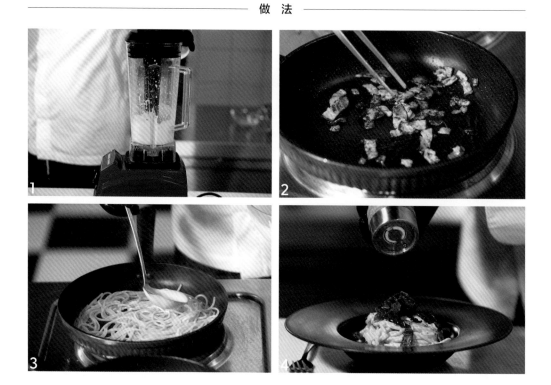

1 将蛋黄、帕玛森芝士碎、少许黑胡椒碎和盐倒入料理机中，搅拌成酱汁。

2 将平底锅预热，放入培根丁，煎至表面焦黄，离火。

3 将意大利面倒入沸水中，煮 8 分钟左右，捞出意大利面，倒入平底锅中，加入 1 勺热水和酱汁，煮 3 分钟左右，至汤汁浓稠，离火。

4 将意大利面卷成团，摆放在盘中，在上面摆放煎好的培根丁，撒上少许黑胡椒碎和帕玛森芝士碎即可。

准备

将培根切成 1 厘米见方的丁。

托斯卡纳宽带意面

材料

意大利面面团	150 克
面粉	50 克
牛肝菌	110 克
生煎意式香肠	100 克
黄油	30 克
黑胡椒碎	少许
洋葱	30 克
意大利芹	少许
小米椒	1 个
盐	3~5 克
白葡萄酒	30 克

准备

将意大利面面团用压面机压成 0.5 毫米厚的面皮，表面撒上少许面粉，然后切成长 30 厘米，宽1.5 厘米的条，撒少许面粉。

—— 做 法 ——

1 将牛肝菌切成 5 毫米厚的片。

2 将洋葱切成末。

3 将小米椒去子，切成细丝。

4 将生煎意式香肠撕成小碎丁。

5 将平底锅预热，加入适量黄油和洋葱末，翻炒片刻，加入牛肝菌片、小米椒丝、生煎意式香肠丁和少许盐，翻炒两分钟。

6 加入少许白葡萄酒，翻炒片刻，加入适量热水继续加热。

7 在沸水中加入少许盐，放入意大利面煮 5 分钟左右，捞入步骤 6 的食材中，加入少许热水，翻炒 1 分钟。

8 离火，加入少许黄油和黑胡椒碎，翻拌均匀，摆放在盘中，用少许意大利芹的叶片装饰即可。

西西里诺玛面

材料

笔管面	80 克
面粉	50 克
茄子	100 克
帕玛森芝士碎	20 克
去皮番茄	4 个
蒜	1 瓣
黑胡椒碎	1 克
橄榄油	10 克
色拉油	200 克
盐	2 克
罗勒叶	1 片

做　法

1 将茄子去皮，切成1厘米见方的小丁，滚上一层面粉。

2 锅中倒入适量色拉油，加热至180℃，倒入茄子丁，炸至金黄色捞出，备用。

3 将蒜去皮，再将其切成薄片。

4 将平底锅预热，加入少许橄榄油和蒜片翻炒1分钟，加入捏碎的去皮番茄、少许盐和适量热水，煮沸；倒入炸好的茄子丁，加入少许热水翻炒片刻。

5 同时将笔管面倒入沸水中煮10分钟左右，捞入步骤4的食材中，翻炒均匀。

6 加入少许罗勒叶，翻拌均匀，离火。

7 在笔管面上撒少许帕玛森芝士碎，搅拌均匀。

8 将笔管面装入盘中，在上面摆放几片罗勒叶，撒少许黑胡椒碎即可。

意大利肉酱面

● 意大利肉酱

材料

胡萝卜	100 克
洋葱	150 克
西芹	100 克
猪肉	500 克
牛肉	500 克
白葡萄酒	50 克
香叶	2 片
去皮番茄	1200 克
黄油	适量
橄榄油	适量
盐	适量
黑胡椒碎	适量

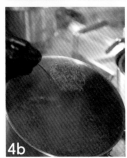

1 锅中放入橄榄油，加入洋葱末、胡萝卜末、西芹末，翻炒至洋葱末呈金黄色。

2 加入猪肉粒、牛肉粒充分翻炒，加入盐、黑胡椒碎调味，小火煮至水分完全蒸发。

3 调至中高火，加入白葡萄酒煮 10 分钟，加入香叶，盖上锅盖小火焖煮约 1 小时。煮好后取出香叶。

4 加入捏碎的去皮番茄，盖上锅盖小火焖煮约 1 小时，煮好后加入黄油，搅拌均匀即可。

准备

1 洋葱切末。　　3 胡萝卜切末。

2 西芹切末。　　4 猪肉、牛肉切成细小颗粒状。

● 意大利肉酱面

材料

意大利面	150 克
黄油	适量
帕玛森芝士	适量
盐	适量
黑胡椒碎	适量
热水	适量
红脉酸膜叶	适量
欧芹叶	适量
圣女果	适量

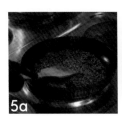 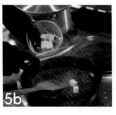 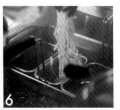 

5 将意大利肉酱放入锅中，加入黄油，加盐、黑胡椒碎调味，加入热水，煮至水分蒸发。

6 将意大利面放入沸水中，煮熟，约 3 分钟。

7 将意大利面放入肉酱中搅拌均匀，加入帕玛森芝士碎。将意大利面卷起，放入盘中，淋上意大利肉酱，摆放红脉酸模叶、帕玛森芝士片、欧芹叶、圣女果装饰。

准备

帕玛森芝士一部分切碎，一部分切片。

三、比萨

美味薄底 / 厚底比萨

材料

橄榄油	30 克
硬质小麦粉	500 克
高筋面粉	500 克
温水（24~26℃）	600 克
鲜酵母	25 克
盐	7 克
番茄酱	50 克
马苏里拉芝士	80 克
所需馅料	适量
手粉	适量

Tips

1. 水分多的馅料可以先入炉烘烤，然后再撒芝士烘烤。
2. 该材料也可以制作厚底比萨，改变面团摊开的厚度即可。

做　法

1 将硬质小麦粉、高筋面粉混合过筛，倒入打面机中。

2 将鲜酵母放到温水中，搅拌至鲜酵母溶化，加入橄榄油，搅拌均匀。

3 将步骤 2 的食材也倒入打面机中，打成面团，加入盐，搅拌均匀。

4 在案板上撒少许手粉，将面团取出放在上面，反复揉搓至表面光滑，搓成粗圆形，放到涂有橄榄油的烤盘上。放入醒发箱中，以温度 35℃、湿度 70% 醒发面团至原体积的两倍大。

5 取出面团稍作整形，再次醒发。

6 将醒发好的面团取出，用手将面皮推薄（越薄越好），放在刷过橄榄油的烤盘上，涂上番茄酱，铺上所需馅料（另取），撒上马苏里拉芝士，入烤箱以 180℃ 烤至比萨表皮金黄。

薄底牛肉比萨

材料

比萨面团（美味薄底比萨面团）	220 克
牛肉	100 克
小米椒	1~2 个
蒜	2~4 瓣
鸡胸肉	80 克
比萨酱	1 勺
意式培根	80 克
马苏里拉芝士	120 克
百里香叶	适量
盐	适量
黑胡椒碎	适量
橄榄油	适量
比萨草叶	适量
罗勒叶	适量
面包预拌粉	适量

做 法

准备

1 牛肉切条，小米椒切末，蒜切末，将牛肉、小米椒、蒜混合，加入盐、黑胡椒碎、橄榄油，用手搅拌均匀进行腌制。

2 鸡胸肉切条。

3 意式培根切小块。

1 在平底锅中放入橄榄油，放入鸡胸肉条，加入蒜末、黑胡椒碎、比萨草叶、百里香叶，煎至表面上色后去除蒜末。

2 比萨面团用手指将边缘按压推出，形成比萨边，双手配合旋转将面团搓圆，面皮边缘偏厚，中间偏薄。

3 用勺子涂一层比萨酱（从圆心往外涂抹均匀），摆放马苏里拉芝士、煎制好的鸡胸肉条、意式培根块、腌制好的牛肉条，将材料铺平（本次制作为 12 寸，约 30 厘米直径）

4 将比萨铲表面放上面包预拌粉，铲起比萨坯放入烤箱中，以上火 280℃、下火 240℃烘烤至比萨表面呈金黄色，点缀上罗勒叶。

意式牛肉比萨

材料

马苏里拉芝士碎	150 克
去皮番茄	120 克
高筋面粉	60 克
低筋面粉	80 克
手粉	适量
橄榄油	适量
黑胡椒碎	适量
红圆椒	30 克
黄圆椒	30 克
白蘑菇丝	30 克
罗勒叶	5 克
蒜末	20 克
洋葱	80 克
干酵母	5 克
牛奶	30 克
牛柳	60 克
番茄膏	30 克
盐	适量
鸡基汤	适量

1 将高筋面粉和低筋面粉放在盆中，加入适量橄榄油和盐，搅拌；将干酵母放在牛奶中拌匀，倒入面粉里，揉成面团；面团揉好后包上保鲜膜发酵待用。

2 将洋葱、红圆椒、黄圆椒洗净切丝，放在一边待用。

3 将牛柳洗净切丝。

4 锅烧热加橄榄油，倒入番茄膏炒香，再倒入洋葱丝和蒜末炒香，加入捏碎的去皮番茄、盐、黑胡椒碎、罗勒叶、鸡基汤，熬煮 30 分钟，放入料理机打碎成番茄酱。

5 锅加油烧热，加牛柳丝炒香，然后加入洋葱丝和红圆椒丝、黄圆椒丝、白蘑菇丝炒香，放入盐、黑胡椒碎进行调味。

6 将发酵好的面团放在桌面，在桌面撒上手粉，将面团推压成比萨薄饼。

7 把比萨薄饼放在烤盘里，涂上番茄酱，撒上马苏里拉芝士碎和炒好的步骤 5 的食材，再撒一层马苏里拉芝士碎，放入烤箱，以上火 280℃、下火 240℃烤 3 分钟即可。

四、其他

菠菜和意大利乳清芝士饺子

● 乳清芝士馅

材料

菠菜	300 克
乳清芝士	200 克
帕玛森芝士粉	50 克
肉豆蔻粉	3 克
黑胡椒碎	2 克

● 黄油鼠尾草汁

材料

黄油	50 克
鼠尾草	3 克

● 传统自制饺子

材料

00 粉（意大利麦芯粉）	
	100 克
全蛋	90 克
硬质小麦粉	100 克
橄榄油	少许
盐	适量

—— 做 法 ——

1 将菠菜不放油不放水炒软，放凉后挤出水分。

2 将菠菜切成细末。

3 将菠菜末、乳清芝士、帕玛森芝士粉、肉豆蔻粉和黑胡椒碎放在盆里，搅拌均匀成馅料，放入裱花袋中，备用。

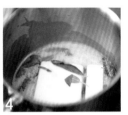

4 将黄油和鼠尾草一起放入锅中，加热至鼠尾草的香味散发出来。

Tips

1. 做乳清芝士饺子时不能有水，因为水会使芝士变质。

2. 需要去除菠菜的茎，只留下叶子使用，因为茎里含水分较多。

5 将 00 粉和硬质小麦粉过筛后放入打面机中，加入全蛋，加入少许橄榄油，以中速打成面团（如果太硬，再加少许蛋液）。

6 用手将面团揉至表面光滑（可用一些手粉），包上保鲜膜，入冰箱冷藏松弛 2 小时。

7 取少量面团，将其擀成长条薄片，挤上乳清芝士馅，将皮对折，用手指将饺子馅部位的空气挤出，轻轻包出饺子的形状，再用长柄饼轮切断饺子面皮之间的连接。

8 水烧开，加入适量盐，放入饺子，煮 3~5 分钟至成熟，捞出，摆在盘中，表面淋上黄油鼠尾草汁即可。

彩椒汁扇贝烩饭

● 黄／红椒汁

材料

黄圆椒	1个（250克）
红圆椒	1个（250克）
红尖椒	1个（10克）
蒜	2瓣
橄榄油	适量
盐	适量
黑胡椒碎	适量

● 扇贝烩饭

材料

白洋葱	60克
橄榄油	20克
红椒汁	50克
黄椒汁	50克
意大利米	150克
盐	2克
白葡萄酒	15克
蔬菜基汤	适量
鱼基汤	适量
扇贝	200克
黄油	30克
帕玛森芝士	20克
欧芹碎	3克

做 法

1 将前3种材料放在烤盘中，包上铝箔纸，以200℃烤45分钟，取出冷却。

2 去除黄圆椒、红圆椒的皮和子。

3 分别放入料理机中，加入蒜、红尖椒、橄榄油、盐、黑胡椒碎打匀即可。

4 将白洋葱洗净切碎。扇贝去壳，扇贝黄和扇贝肉分开洗净。将锅烧热，加入橄榄油，将白洋葱碎炒软。

5 加入意大利米（不洗），放入少许盐，炒至米发白，加入扇贝黄炒均匀。

6 加入白葡萄酒，收汁，并使酒精挥发。

7 少量多次加入蔬菜基汤和鱼基汤，用小火熬制。

8 放入红椒汁和黄椒汁，小火慢煮约15分钟使米粒膨胀至两倍大小，使汤汁浓稠。

9 离火，加入黄油和帕玛森芝士，再加入少许欧芹碎，搅拌至黄油熔化，期间不停翻动，使空气进入（口感更加丝滑）。

10 平底锅烧热，放入少许橄榄油，将扇贝肉四面煎黄，放在盘中备用。

11 将做好的意大利饭放在煎好的扇贝肉上，淋上橄榄油即可。

佛卡夏

材料

橄榄油	80 克
硬质小麦粉	500 克
高筋面粉	500 克
温水（24~26℃）	600 克
鲜酵母	25 克
盐	7 克
海盐	5 克
迷迭香	10 克
黑胡椒碎	少许
手粉	少许

— 做 法 —

1 将硬质小麦粉和高筋面粉混合过筛，倒入打面机中。

2 将鲜酵母放到温水中，搅拌至鲜酵母溶化，加入 30 克橄榄油，搅拌均匀。

3 将步骤 2 的食材也倒入打面机中，打成面团，加入盐，搅拌均匀。

4 在案板上撒少许手粉，将面团放在上面，反复揉搓至表面光滑，搓成粗圆形，放到涂有橄榄油的烤盘上。放入醒发箱中，以温度

35℃、湿度 70% 醒发面团至原体积的两倍大。

5 取出面团，用手指按压，使面团铺满整个烤盘（厚薄要均匀，面团表面有手指按压形成的凹槽印）。

6 在表面撒上海盐、迷迭香（也可撒圣女果、洋葱等），再放上剩余的橄榄油和黑胡椒碎。

7 入烤箱，以 200℃烤至表皮和底皮微黄（时间根据烤箱的不同而定）。

三文鱼卷

材料

三文鱼块	500 克
鸡蛋	2 个
洋葱碎	4 头
高筋面粉	300 克
冰水	175 克
橄榄油	适量
帕玛森芝士碎	80 克
乳清芝士碎	250 克
百里香叶	适量
荷兰芹末	适量
白葡萄酒	适量
黑胡椒碎	适量
盐	适量

准备

1 小洋葱去皮切碎。荷兰芹叶切末。

2 三文鱼去皮，切成长 2 厘米、宽 1 厘米的块。

Tips

1. 炒制三文鱼时切勿频繁翻拌，长时间翻拌会使三文鱼肉质松散。

2. 如果揉搓面团时面团粘黏，可用少许低粉做手粉，再进行揉搓。

做 法

1a 1b 2a 2b 3a 3b 4a 4b 4c 5a 5b 5c 6a 6b

1 平底锅加热，加入橄榄油，放入洋葱碎，炒香后加入三文鱼块，加入黑胡椒碎调味，用颠锅的方式炒至三文鱼块颜色发白。

2 加入百里香叶、白葡萄酒，煎至酒味挥发后放入荷兰芹末，拌匀。

3 再放入帕玛森芝士碎、乳清芝士碎、鸡蛋，用橡皮刮刀以翻拌的手法拌匀，切勿频繁翻拌，拌匀后静置 10 分钟，即成馅料。

4 将冰水、20 克橄榄油混合拌匀，放入高筋面粉搅拌均匀，边搅拌边加入盐，揉至面团表面光滑，表面铺一层保鲜膜，室温静置约 2 小时。

5 将制作好的面团用压面机压成长方形面片，平铺在铺有烘焙纸的烤盘中，放入馅料抹平，面片四周留出约 4 厘米的宽度，涂少许蛋清，使面皮更好黏合，从一端开始卷起，多余面片切除，用毛刷在表面涂抹一层蛋清，放入烤箱中以 150℃烘烤约 50 分钟。

6 取出，冷却静置 10 分钟，切片摆放盘中即可。

西班牙海鲜饭

● 米饭

材料

洋葱	30克
圆椒	30克
西班牙香肠	50克
百里香碎	1克
蒜蓉	10克
盐	适量
黑胡椒碎	适量
意大利米	80克
青豆	10克

● 配菜

材料

鸡腿	250克
蛤蜊	30克
鱿鱼	40克
虾	60克
青口贝	50克
橄榄油	10克
盐	适量

● 高汤

材料

鸡基汤	1升
藏红花	1克

● 装饰

材料

罗勒芽	3克
圣女果	20克
腊香肠片	50克

Tips

做西班牙海鲜饭，在烹饪大米的时候不要太频繁地搅拌米饭，否则会因淀粉析出过多而使汤变得黏稠。

做 法

1 将圆椒切成小丁。

2 将洋葱切成小碎丁。

3 将西班牙香肠切成小块。

4 将鸡腿横切成4小块。

5 将鸡基汤放在锅里，加入藏红花，煮沸。

6 治净鱿鱼（去除头部、内脏和须），将鱿鱼切成圈形。

7 锅里加入一些橄榄油，放入鸡腿块、鱿鱼圈、蛤蜊、青口贝和虾，再放入百里香碎、蒜蓉、盐、黑胡椒碎炒熟盛出。

8 原锅加入洋葱丁、圆椒丁、香肠块，直到菜品完全软化。

9 意大利米倒入藏红花鸡基汤中。

10 倒入步骤7和步骤8的食材，盖上锅盖，用文火煮35分钟，再添加青豆，离火继续闷5分钟，装盘时，用腊香肠片、罗勒芽和圣女果装饰即可。

意式馅饼

材料

材料	用量
去皮番茄	100 克
牛奶	1000 克
面粉	340 克
牛肉末	500 克
猪肉末	300 克
西芹	1 根
鸡蛋	3 个
洋葱	半头
胡萝卜	半根
青豆	适量
黄油	适量
帕玛森芝士碎	适量
马苏里拉芝士碎	适量
红酒	适量
橄榄油	适量
盐	适量
黑胡椒碎	适量

准备

胡萝卜切末。西芹切末。洋葱切末。

做 法

1 平底锅中放入橄榄油，加入胡萝卜末、洋葱末、西芹末炒至变软。

2 加入猪肉末、牛肉末炒至熟透，加入红酒，待酒味挥发后转小火，加入盐调味，加入捏碎的去皮番茄煮约 90 分钟，期间加入青豆及黑胡椒碎，煮至汤汁收干，即成馅料。

3 将鸡蛋、500 克牛奶混合搅拌均匀，边搅拌边加入 300 克面粉（面粉过筛），加入少许盐调味，静置约 30 分钟，使其表面无气泡，作为面糊。

4 在平底锅中放入黄油，待黄油熔化后倒入一勺面糊，将面糊铺开，摊成薄饼，表面煎至上色即可。

5 另起锅将 40 克面粉、40 克黄油放入锅中，炒至冒大量气泡，加入 500 克牛奶煮至浓稠，加入盐、黑胡椒碎调味，即成酱汁。

6 将酱汁平铺在盘子底部，再铺一层馅料。将薄饼修整成长方形（与盘子尺寸相对应），放入馅料卷起，放在盘中馅料上，依次摆满盘子。

7 在薄饼表面涂一层酱汁和馅料，摆放帕玛森芝士碎、马苏里拉芝士碎、青豆，放入烤箱中以 180℃烘烤至表面上色。